南京航空航天大学研究生系列精品教材

数 据 挖 掘

张道强　李　静　蔡昕烨　编著

科 学 出 版 社

北 京

内 容 简 介

本书较全面地介绍了数据挖掘的基本理论、算法及应用。首先介绍数据挖掘的基本概念，随后重点讲述关联规则、分类、聚类等模式的挖掘技术并介绍相关的经典算法，同时注重数据挖掘技术的应用实例讲解，包括多模态脑影像挖掘、脑网络分析及其在生物信息学和软件工程中的应用。最后，对近年来发展迅猛的领域，如使用进化计算作为主要方法的数据挖掘技术也用了一定篇幅讲述其基本内容。

本书结构简明，内容丰富，可作为从事数据分析和挖掘研究的一部入门书籍。本书适用于计算机类专业的本科生或研究生，也可作为数据挖掘、机器智能等领域的科技人员和高校师生以及相关专业工程技术人员的参考书。

图书在版编目（CIP）数据

数据挖掘/张道强，李静，蔡昕烨编著. —北京：科学出版社，2018.6
南京航空航天大学研究生系列精品教材
ISBN 978-7-03-057390-2

Ⅰ. ①数⋯ Ⅱ. ①张⋯②李⋯ ③蔡⋯ Ⅲ. ①数据采集-研究生-教材
Ⅳ. ①TP274

中国版本图书馆 CIP 数据核字（2018）第 095864 号

责任编辑：潘斯斯 张丽花 / 责任校对：郭瑞芝
责任印制：吴兆东 / 封面设计：迷底书装

科学出版社 出版
北京东黄城根北街 16 号
邮政编码：100717
http://www.sciencep.com
北京九州迅驰传媒文化有限公司 印刷
科学出版社发行 各地新华书店经销
*
2018 年 6 月第 一 版 开本：787×1092 1/16
2018 年 6 月第一次印刷 印张：9 1/4
字数：204 000
定价：59.00 元
（如有印装质量问题，我社负责调换）

前　言

随着计算机硬件资源成本的持续下降，软件开发技术的不断进步，基于不同领域的大数据研究与应用性研发工作正在如火如荼地开展。如今大数据成为热门话题，"数据就是财富"的观念为众人所熟知。然而，随着数据量的剧增，信息过量就成为人们不得不面对的问题。如何才能不被信息的汪洋大海所淹没，从中发现及时有用的知识，提高信息的利用率呢？正是基于对此类问题的思考，"数据挖掘"作为大数据挖掘、分析与处理的一个强有力的工具应运而生。它帮助我们从"数据矿山"中找到蕴藏的"知识金块"，以便将其在包括商务管理、生产控制、市场分析、工程设计和科学探索等各种应用中加以使用。

本书在内容安排上遵循先理论后实际应用的基本原则，首先通过讲解数据挖掘相关理论使得读者掌握必备的基础知识，然后通过几个具体的专题应用使得读者对数据挖掘有更加直观和全面的认识。

本书主要内容安排如下：第 1 章概述数据挖掘的基本含义和应用。第 2～5 章讲解数据挖掘的相关理论，包括数据类型和属性、数据质量和数据的预处理、关联规则相关的定义和概念、Apriori 算法和 FP-Growth 算法、分类相关的概念及经典的分类方法、聚类分析相关的概念和算法。第 6～9 章讲述一些数据挖掘的实例，包括多模态脑影像挖掘、脑网络分析、数据挖掘在生物信息学中的应用、软件数据挖掘。第 10 章主要介绍使用进化计算作为主要方法的数据挖掘技术。

本书由张道强、李静和蔡昕烨等编著。具体责任分工如下：张道强负责编写第 1 章、第 6～9 章；李静负责编写第 2～5 章；蔡昕烨负责编写第 10 章；另外，程波、接标、刘明霞、郝小可、祖辰、邵伟、光俊叶、林华锋、梁大川、叶婷婷、杜俊强、屠黎阳、孙亮、张丹、路子祥、李蝉秀等也部分参与了上述各章内容的编写工作。在本书编写过程中，作者力求精益求精，其顺利成文得益于很多朋友、同事的帮助，感谢他们的贡献；感谢国内外的同行，你们在网络上发表了众多优秀的文章，作者从中学习到很多知识。

由于作者水平和时间的限制，书中疏漏和不足之处在所难免，敬请广大读者批评指正。

作　者

2018 年 2 月

目　　录

第1章　绪论 ···1

1.1　什么是数据挖掘 ··1

1.2　数据挖掘的任务 ··2

1.3　数据挖掘在脑疾病诊断以及生物信息学中的应用 ·················3

1.4　数据挖掘在软件设计和应用领域的应用 ······························4

1.5　基于进化计算的数据挖掘技术 ··4

1.6　本书的内容与组织 ··4

第2章　数据准备 ··6

2.1　数据 ···6

2.1.1　数据集类型 ··6

2.1.2　数据属性及类型 ···7

2.1.3　数据相似性与相异性 ···8

2.2　数据预处理方法 ··10

2.2.1　数据清理 ···10

2.2.2　数据变换 ···11

2.2.3　数据归约 ···12

2.2.4　数据集成 ···14

参考文献 ··15

第3章　关联规则 ···16

3.1　基本概念 ··16

3.2　Apriori 算法 ···17

3.3　其他关联规则挖掘 ··18

参考文献 ··19

第4章　分类 ··21

4.1　基本概念 ··21

4.2　决策树分类 ···22

4.2.1　决策树概念 ··22

4.2.2　常见决策树算法 ···23

4.3　基于贝叶斯定理的分类方法 ···28

4.3.1　朴素贝叶斯分类器 ··28

4.3.2　贝叶斯信念网络 ···29

4.4　多层前馈神经网络分类器···30

　　4.4.1　基本概念···31

　　4.4.2　BP 算法···32

4.5　支持向量机分类器···34

　　4.5.1　支持向量与超平面···34

　　4.5.2　线性可分支持向量机···36

　　4.5.3　线性不可分支持向量机···39

　　4.5.4　非线性支持向量机···42

4.6　最近邻分类器··43

4.7　分类器的评估与度量···44

　　4.7.1　性能评估指标···44

　　4.7.2　分类器的准确率评估···45

　　4.7.3　常见评估方法···45

参考文献···47

第 5 章　聚类分析···48

5.1　聚类概述··48

5.2　基于划分的聚类算法···51

　　5.2.1　k 均值聚类···51

　　5.2.2　k 中心点聚类···52

　　5.2.3　EM··53

5.3　基于层次的聚类算法···54

　　5.3.1　簇间距离度量方法···54

　　5.3.2　BIRCH···55

　　5.3.3　CURE···57

　　5.3.4　ROCK···57

　　5.3.5　Chameleon···58

5.4　基于网格与基于密度的聚类···59

　　5.4.1　STING···59

　　5.4.2　DBSCAN··60

　　5.4.3　OPTICS···61

5.5　其他方法聚类··61

　　5.5.1　NMF···61

　　5.5.2　子空间聚类···62

5.6　聚类有效性验证··63

参考文献···65

第 6 章　多模态脑影像挖掘···67

6.1　引言··67

6.2 多模态分类 68
6.2.1 基于多核学习的多模态分类器 68
6.2.2 实验结果 69
6.3 多模态特征选择 72
6.3.1 基于流形正则化多模态特征选择 72
6.3.2 实验结果 74
6.4 结论 76
参考文献 77

第7章 脑网络分析 79
7.1 脑网络分析概述 79
7.2 基于拓扑结构的结构化特征选择 81
7.2.1 方法的框架 81
7.2.2 Weisfeiler-Lehman 子树核 82
7.2.3 特征提取 83
7.2.4 结构化特征选择 84
7.3 脑网络的判别性子图学习 86
7.3.1 判别性子图 86
7.3.2 基于判别性子图的脑网络分类 88
7.3.3 进一步提高效果的方法 88
参考文献 89

第8章 数据挖掘在生物信息学中的应用 92
8.1 基于树型结构引导的稀疏学习方法在基因-影像关联分析中的应用 92
8.1.1 引言 92
8.1.2 方法 93
8.1.3 实验 96
8.1.4 结论 98
8.2 基于结构化 ECOC 的蛋白质图像亚细胞定位方法 98
8.2.1 引言 98
8.2.2 方法 100
8.2.3 实验 102
8.2.4 结论 104
参考文献 104

第9章 软件数据挖掘 106
9.1 软件数据挖掘概述 106
9.2 软件缺陷预测简介 106
9.2.1 概述 106

9.2.2　基于机器学习的静态软件缺陷预测 ……………………………………… 106

9.3　代价敏感特征选择在软件缺陷预测中的应用 …………………………………… 108

9.3.1　双重代价敏感特征选择 …………………………………………………… 108

9.3.2　代价敏感特征选择算法思想概述 …………………………………………… 110

9.3.3　CSVS 特征选择算法 ……………………………………………………… 111

9.3.4　CSLS 特征选择算法 ……………………………………………………… 112

9.3.5　CSCS 特征选择算法 ……………………………………………………… 112

9.3.6　实验及结果分析 …………………………………………………………… 113

9.4　小结 ………………………………………………………………………………… 117

参考文献 …………………………………………………………………………………… 117

第 10 章　基于进化计算的数据挖掘 ………………………………………………………… 119

10.1　引言 ……………………………………………………………………………… 119

10.2　进化计算 ………………………………………………………………………… 119

10.2.1　进化算法 ………………………………………………………………… 119

10.2.2　多目标进化算法 ………………………………………………………… 120

10.3　数据挖掘中进化计算的应用 …………………………………………………… 122

10.3.1　进化计算用于特征选择 ………………………………………………… 122

10.3.2　进化计算用于分类 ……………………………………………………… 125

10.3.3　进化计算用于聚类分析 ………………………………………………… 128

10.3.4　进化计算用于规则发现 ………………………………………………… 131

10.4　结束语 …………………………………………………………………………… 133

参考文献 …………………………………………………………………………………… 134

第1章 绪 论

数据挖掘(Data Mining)一般也被译为资料探勘、数据采矿。顾名思义，数据挖掘一般是指从大量的数据中通过算法挖掘出隐藏于其中的信息的过程，是数据库知识发现中的一个重要步骤。

近年来，随着海量数据的产生，我们需要从这些数量庞大的数据中获取有用的信息和知识，以便将其在包括商务管理、生产控制、市场分析、工程设计和科学探索等各种应用中加以使用，这种需求是迫切的也是具有挑战性的。然而数据挖掘正好可以通过统计、在线分析处理、情报检索、机器学习、专家系统(依靠过去的经验法则)和模式识别等诸多方法来解决上述需求问题。此外，数据挖掘是一个多学科的交叉性研究领域，有着十分丰富的内涵。本章概述数据挖掘，并简单列举书中所涵盖的关键性主题。首先介绍数据挖掘中一些需要具备的基础知识。

1.1 什么是数据挖掘

数据挖掘是采用数学的、统计的、人工智能和神经网络等领域的方法，从大量数据中提取出隐藏于其中的知识和信息。它是一个将未加工的数据转换为有用的信息的过程，这就好比从未被开采的矿山中提炼和挖掘出对人类有用的资源。该过程需要一定的转换步骤，包括定义问题、收集数据、数据预处理、生成模型、结果可视化与验证以及模型更新，如图 1-1 所示。

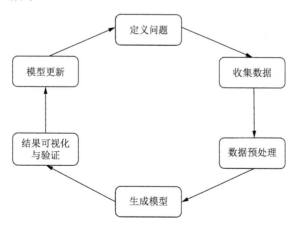

图 1-1　数据挖掘的基本过程

1989 年 8 月在美国底特律召开的第十一届国际人工智能联合会议的专题讨论上，首次提出了数据库中的知识发现(Knowledge Discovery in Database，KDD)。KDD 是数据库、机器学习、统计学、模式识别、神经网络、信息检索等众多学科技术的集成，它应用了这些领域中不同的理论和方法，并形成了独立的研究方向。1995 年在加拿大蒙特利尔召开的第一届知识发现和数据挖掘国际学术会议上首次提出数据挖掘这一学科名称。自 1995 年美国计算机年会开始，数据挖掘被看成 KDD 的一个重要过程。近年来，数据挖掘引起了整个社会的广泛关注，其主要原因是在这个大数据时代，它可以把大量数据转换成有用的信息，在商业中带来了巨大的价值。例如，银行可以通过数据挖掘对个人或者企业的信用提供一个客观、准确的评估，从而降低信贷业务的风险。利用数据挖掘技术还可以进行客户分析，把一个庞大的消费群体划分为一个个细分的客户群体，发掘同一客户群体之间的相似之处，如背景资料、盈利能力、消费水平等，针对不同客户群体制定不同的营销策略，从而获取更大的利益。在零售业中，数据挖掘也有着不可替代的巨大作用。各大超市可以通过每日营业数据调查顾客的最大需求，安排货物摆放位置，从而扩大市场。总体来说，利用数据挖掘技术来支持商业决策是一种基于数据分析的科学决策方式，所以这一技术在实际应用中将会得到更加广泛的认可与推广。

1.2　数据挖掘的任务

通常，数据挖掘任务分为以下几类。

1. 关联规则

关联规则挖掘是数据挖掘领域的一个很重要的课题，顾名思义，它是从数据背后发现大量项集间可能存在的有趣的关联或相互联系。关联规则挖掘(Association Rule Mining)由 Agrawal 等提出，最早提出时主要针对购物篮分析问题，其目的是从事务数据库中发现顾客购买的不同商品之间的联系规则。

2. 分类

分类是一种数据分析形式，可从预定的数据集或概念集中提取重要数据的类别信息或建立数据分类模型(通常称作分类器)。该模型能把数据库中的数据记录映射到某一具体的类别，并预测数据未来的发展趋势，这是数据挖掘领域一个重要的研究方向。决策树分类方法是一种典型的分类方法，通常包括特征选择、决策树的生成和决策树的修剪。决策树分类方法的主要思想来源于 Quinlan 提出的 ID3 算法和 C4.5 算法以及 Breiman 等提出的 CART 算法。除此之外，还有贝叶斯分类、神经网络、支持向量机等经典的分类方法。

3. 回归

回归是一种数据分析形式，也是数据挖掘中一个重要的研究方向。回归与分类的区别是，分类的输出是一个离散的结果，而回归是建立一个连续的函数值模型，函数的输出是连续的。回归使用的是回归分析，包括线性回归和非线性回归。经典算法有最小二乘估计、矩阵分解、局部加权线性回归等。

4. 聚类

聚类分析是数据挖掘的一种重要手段和工具，其主要任务是根据数据对象的属性，将数据对象划分为不同的簇，从而使得同一簇中对象之间相似度较高而不同簇之间相似度较低，进而可标识出人们感兴趣的分布或模式。通过聚类分析可识别出对象空间中的稠密与稀疏区域，从而发现全局分布模式与数据属性之间的关联。聚类属于无监督学习，即不需要类别信息。经典的聚类方法包括：k 均值聚类算法、基于划分的聚类算法、基于层次的聚类算法、基于网格的聚类算法、基于密度的聚类算法与基于模型的聚类算法。

与同类书籍相比，本书的一大特色是不但介绍了数据挖掘的基本算法，还介绍了这些算法在脑疾病诊断以及生物信息学中的具体应用，以下将对其进行简要介绍。

1.3　数据挖掘在脑疾病诊断以及生物信息学中的应用

人脑的结构和功能极其复杂，理解大脑的运转机制是 21 世纪人类面临的最大挑战之一。为此世界各国均投入了大量的人力和物力进行研究。其中以老年痴呆症(又称阿尔茨海默病，Alzheimer's Disease，AD)为代表的脑疾病诊断是脑科学研究的热点。AD 的特点是发病年龄较早，病程进展缓慢。因此准确诊断 AD，尤其是它的早期阶段，对尽早治疗和推迟疾病的恶化是非常重要的。

数据挖掘在脑科学领域可以起到重要的作用，主要包括多模态脑影像挖掘和脑网络分析。脑图像作为现代医学的一种重要工具，可以客观地揭示与脑疾病相关的脑结构和脑功能的变化。借助脑影像数据可以进一步构建脑网络，而脑网络能从脑连接层面刻画大脑功能或者结构的交互，脑网络分析已经成为近年来脑科学研究中的一个热点。

生物信息学是一门新兴的交叉学科，是采用计算机技术和信息论方法研究蛋白质及核苷酸等各种生物信息采集、存储、传递、检索、分析和解读的学科。在本书中我们将介绍数据挖掘技术在基因影像关联分析以及蛋白质亚细胞定位这两个生物信息学课题中的应用。

近年来，基因与疾病关联分析作为生物医学这一交叉领域的重要研究课题而备受关注。与此同时，随着神经影像技术的发展，基因关联分析衍生出了"基因-影像关联"(Imaging Genetics)这一新的研究领域，其目标是检测并发现影响人脑结构或功能的基因；相对于传统的风险基因与诊断量表得出关联分析，借助多模态脑影像定量性状作为基因与诊断的中间介质的辅助参考，可以方便我们对复杂的致病生物机制有更加清晰和完整的认识。

与此同时，随着测序技术的不断发展，蛋白质数据呈现爆炸式增长趋势，如何找到这些蛋白质所处的亚细胞位置并分析它们的动态变化是一个难题，利用蛋白质图像预测其所处的亚细胞位置是解决该问题的一个新的方向。本书讲解了一种新的基于图像的蛋白质亚细胞定位算法，利用与细胞器层次结构相关的先验信息预测蛋白质所处的亚细胞位置。

1.4 数据挖掘在软件设计和应用领域的应用

尽管软件开发是系统化并且严格遵循约束的，但是在开发过程中仍然有众多的因素难以掌握，这导致软件缺陷在软件开发过程中难以避免。然而软件缺陷对应用软件在生产和生活中造成的危害是极大甚至是无法估量的，因此，我们需要一些技术来检测软件的缺陷。软件缺陷预测，即利用软件度量数据、已发现的缺陷历史数据以及数据挖掘技术来预测软件系统中缺陷的分布、类型或数目。目前已存在很多比较成熟的软件度量方法，它们能很好地指导我们对软件特征进行提取。基于提取的特征，软件领域的分类预测可以对软件开发过程中可能存在的缺陷作出预测，从而合理分配测试资源、辅助开发过程、提高程序的健壮性及可维护性等。因此，利用数据挖掘技术对软件缺陷进行预测是一项非常有意义的研究工作。

1.5 基于进化计算的数据挖掘技术

进化计算是借助(生物界)自然进化和演变的启示，根据其规律设计出的各种计算方法的总称。同时它又是一个快速发展的多学科交叉领域：数学、生物学、物理学、化学、心理学、神经科学和计算机科学等学科的规律都可能成为进化计算的基础和思想来源。

在最近十几年，进化计算无论在理论分析还是在工业应用上都取得了显著的发展。它涉及的领域已由最初的生物计算发展到各种类型的自然计算算法和技术，这其中包括进化计算、神经计算、生态计算、社会和经济计算等。作为一种智能优化算法，进化计算已经被广泛应用，包括商务管理、生产控制、市场分析、工程设计和科学探索等。在本书中我们会简要介绍基于进化计算的数据挖掘技术。

1.6 本书的内容与组织

为了更好地理解数据挖掘技术如何在各种类型中的应用，我们从第 2 章开始详细介绍数据挖掘涉及的概念、方法以及应用。第 2 章讨论数据类型和属性、数据质量和数据的预处理。第 3 章主要讲述关联规则，包括关联规则的定义和相关概念、Apriori 算法和FP-Growth 算法，并进一步拓展了相关知识。第 4 章详细描述分类的相关概念以及一些经典的分类方法，包括决策树分类、基于规则的分类、贝叶斯分类、神经网络分类器、支持向量机分类器、最近邻分类器以及集成学习，并在本章最后介绍了分类器的评估和度量。第 5 章讲述聚类分析的相关概念和算法，主要内容包括基于划分的聚类算法、局域层次的聚类算法、基于网格与密度的聚类算法、基于模型的聚类等方法，并在最后讲述如何评价一个聚类算法的有效性。第 6~9 章讲述一些数据挖掘的实例，包括多模态脑影像挖掘、脑网络分析、数据挖掘在生物信息学中的应用、软件数据挖掘。第 10 章主要介绍将进化计算作为主要方法的数据挖掘技术。

　　数据挖掘是一个年轻的跨学科领域，随着计算机计算能力的发展和业务复杂性的提高，数据类型越来越多且越来越复杂，数据挖掘必然会发挥越来越大的作用。然而数据挖掘所包含的内容范围很大，我们很难通过本书来全面地介绍。本书只将一些我们所熟悉的或者与相关的研究方向和主题的内容与读者分享。

第2章 数据准备

数据挖掘的目的是从大量数据中发现其隐含的模式,但目前的数据挖掘工作大多着眼于对数据挖掘算法的探讨,而对数据预处理的研究比较滞后。一些成熟的算法对输入数据的完整性、一致性及属性之间的相关性都有一定的要求。直接从现实世界中收集数据往往具有难以预知的多样性、不确定性及复杂性,导致原始输入数据集的不规范性,因此,无法直接满足数据挖掘算法的要求。原始数据主要存在以下几方面的问题[1,2]。

(1)杂乱性。原始数据的来源有可能是不同的应用系统,而由于各应用系统的数据缺乏统一标准的定义,数据结构往往存在一定的差异,造成数据不一致,因此,不能直接被现有算法使用。

(2)不完整性。不完整性是指数据记录中一些属性值为空、无法确定或必要数据的缺失。数据采集系统的缺陷或一些人为因素都可能造成数据不完整。有些数据的不完整性对结果并没有多大的影响,可以排除,但绝大部分情况下,数据的不完整性会影响后续知识发现的准确性。

(3)重复性。系统实际使用过程中,数据库可能出现对同一事物有两种或两种以上完全相同的描述,造成数据重复和信息冗余。这是几乎所有应用系统中都普遍存在的实际问题。

(4)噪声数据。噪声数据是指原始数据中人为因素或数据收集设备故障等原因产生的一些不正确属性值或与期望值不对应的离群值。

以上问题不仅大大降低了算法的执行效率,还会造成挖掘结果的偏差。因此,对无法满足算法需求的原始数据进行有效的分析和预处理是数据挖掘任务的一项不可缺少的必要工作。

2.1 数　　据

数据是能够被识别和处理的符号集合,包含数字、字母、图像、影视信息等。数据对象是数据所描述的事物,代表一个实体。不同的数据对象有其特有的属性,属性之间的差异是区分不同数据对象的依据。

2.1.1 数据集类型

随着数据挖掘技术的发展与成熟,越来越多的数据类型被用于分析。目前常用的数据类型主要包括记录型数据、图形化数据、序列型数据和非记录型数据[3]。

(1)记录型数据。目前许多数据挖掘任务都假定数据集是记录(数据对象)的集合,每个记录包含固定的数据字段(属性)集。记录之间或字段之间没有明显的联系,记录型数据通常存放在平台文件或数据库中。记录型数据主要包括事务数据、数据矩阵与稀疏矩阵。

(2) 图形化数据。图形化数据是一种可以方便而有效地表示数据特征的形式，其可视化的显示效果给人一种直观的感觉。这种类型的数据主要包括带有对象之间联系的数据及具有图形对象的数据。其中，带有对象之间联系的数据指的是对象之间的联系常常携带重要信息。因此，当用图形表示数据时，一般把数据对象映射到图的节点，而对象之间的联系用链的方向、权值等性质表示。而具有图形对象的数据是指一个数据对象与其子对象之间具有结构化的联系。例如，化合物的数据对象可以用图形表示，其中节点是原子，节点之间的链是化学键。

(3) 序列型数据。对于某些数据对象而言，属性所包含的值与时间或空间具有紧密联系，由此形成了序列型数据类型数据集，主要包括时序数据、序列数据、时间序列数据及空间数据。时序数据是记录数据的一种扩充，它的每条记录都包含一个与之相关联的时间标记，所以也称时间数据。序列数据是包含各个实体的序列的一个数据集合，常见的例子如词或字母的序列。时间序列数据是一种特殊的时序数据，它的每个记录都是一个时间序列，如股票价格的时间序列信息。空间数据除了包含一些常见数据类型的属性之外，还包含空间属性，如位置或区域信息。空间数据的典型例子是不同地理位置的气象数据(如降水量、气温、气压)。

(4) 非记录型数据。记录型数据具有一定的结构组织，如数据库、数据表等，易于被计算机理解与查找，而非记录型数据没有一个事先定义好的数据模型，也没有符合一定的结构组织格式便于计算机辨识与处理。这类数据主要包括文本数据、网络数据和多媒体数据(如声音、图像、视频数据等)。相对于记录型数据存储在数据库中且用二维表结构来表达实现的行数据而言，不方便用数据库二维表来表示的数据即为非记录型数据。要对非记录型数据进行挖掘，需要事先将其转化为记录型数据，再对其进行数据挖掘。

2.1.2 数据属性及类型

属性，在有些情况下也称为维(Dimension)、特征(Feature)和变量(Variable)，它们之间可以相互使用。在数据挖掘和数据库领域一般使用术语"属性"。属性并非数字或符号，而是为了讨论和精细地分析对象的特性，给它们赋予了一定数字或符号，同时为了明确定义这一过程，引入了测量标度的概念[3]。

1. 数据属性

属性(Attribute)是一个数据字段，表示数据对象的性质或特性，它因对象而异或随时间而变化[3]。例如，眼球颜色因人而异，而物体的温度随时间而变。其中，眼球颜色是一种符号属性，具有少量可能的值（棕色、黑色、蓝色、绿色……），而温度是数值属性，可以取无穷多个值。

测量标度(Measurement Scale)是数值或符号值与属性之间相关联的规则(函数)。测量标度按类型进行划分的情况如图 2-1 所示。测量过程是使用测量标度将一个值与某一特定对象的特定属性相关联。

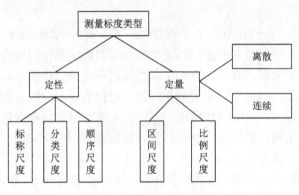

图 2-1　测量标度类型

2. 属性类型

属性类型是由该属性可能具有的值的类型所决定的，属性类型一般可分为标称、序数、区间、比率四种[3]。标称和序数统称分类或定性属性。区间和比率属性统称定量或数值属性。定量属性用数表示，并且具有数的大部分性质。定量属性所能赋予的值可以是离散值或连续值。

标称属性(Nominal Attribute)的值是一些符号或事物的名称。每个值代表某种类别、编码或状态。因此，标称属性又可称为分类的属性。它不要求具有一定的顺序，如人的肤色(黑、白、黄等)、婚姻状况(未婚、已婚)等，这些都属于标称属性。

序数属性(Ordinal Attribute)是一种有序属性，其可能的值之间具有前后关联的性质，但是彼此之间的差异是未知的，如成绩(A、B、C、D)、职位(助教、讲师、副教授及教授)等。

区间标度(Interval Scaled)属性用相等的单位尺度度量。区间属性的值有序，可以为正、零或负。同时，区间标度属性可以比较和定量评估值之间的差。例如，人的年龄 20 岁比 15 岁大 5 岁。

比率标度(Ratio Scaled)属性是具有一个固定零点的数值属性。假如用比率标度作为度量，那么可以说一个属性值是另一个的多少倍。同样，这些属性值是有序的且可以计算值之间的差，也能计算均值、中位数和众数。

2.1.3　数据相似性与相异性

相似性和相异性在聚类、最近邻分类和异常检测等数据挖掘任务中都有使用，是重要的概念。在进行数据挖掘前，先将原始数据变换到一个相似性或相异性的空间。邻近度是数据挖掘中用来表示相似性或相异性的度量，两个对象之间的邻近度是度量对象属性之间的邻近函数。相似度(Similarity)是表示两个对象之间相似程度的一种数值度量[3]。两个对象相似度越高，表示两个对象越相似。一般地，相似度都是非负的且在 0(不相似)和 1(完全相似)之间取值。类似地，相异度(Dissimilarity)表示两个对象之间的差异程度。两个对象相似度越高，它们的相异度就越低[3]。

相似度与相异度之间可以相互转换，也可以变换到一个特定区间。通常，邻近度度量(特别是相似度)被定义为或变换到区间[0,1]中的值。一般来说，相似度到[0,1]区间的变换可用 $s' = (s - \min\_s) / (\max\_s - \min\_s)$ 来实现，其中 $\max\_s$ 和 $\min\_s$ 分别是相似度的最大值和最小值，s 和 s' 分别是相似度的原始值和变换后的值。例如，存在一个对象之间的相似度度量，且在 1(完全不相似)和 10(完全相似)之间变化，则可以用公式 $s' = (s - 1) / 9$ 将它变换到[0,1]区间。

如果相似度(相异度)落在[0,1]区间，则相异度(相似度)可以定义为 $d = 1 - s$ (或 $s = 1 - d$)。另一种简单的方法是定义相似度为负的相异度。例如，相异度 0、1、10 和 100 可以分别变换成相似度 0、-1、-10 和-100。负变换产生的相似度结果不要求局限于[0,1]区间，经常使用的变换有

$$s = d + 1, \quad s = \mathrm{e}^{-d} \quad 或 \quad s = 1 - \frac{d - \min\_d}{\max\_d - \min\_d}$$

对象之间的邻近度可以由它们单个属性的邻近度的组合来确定，因此，首先考虑具有一个标称属性描述的对象的情况。由于标称属性是分类属性，所以只具有对象的相异性信息，只能说两个对象是否有相同的值。在这种情况下，如果属性值相同，则其相似度为 1，否则为 0。同样，相异度可以用相反的方法确定，若属性值相同，则相异度为 0，否则为 1。

下面介绍涉及多个属性的对象之间的邻近性度量：数据对象之间的相异度和数据对象之间的相似度[3]。

1. 数据对象之间的相异度

距离度量可用来衡量数据对象在空间上的差异，距离越大表明数据对象间的相异度也越大。

假设 $d(x, y)$ 是两个点 x 和 y 之间的距离，则距离满足以下性质[4]。

(1)非负性。对于所有 x 和 y，$d(x, y) \geqslant 0$；当且仅当 $x = y$ 时，$d(x, y) = 0$。

(2)对称性。对于所有 x 和 y，$d(x, y) = d(y, x)$。

(3)三角不等式。对于所有 x、y 和 z，$d(x, z) \leqslant d(x, y) + d(y, z)$。

常用的距离度量方法[3]有欧几里得距离、闵可夫斯基距离、曼哈顿距离、切比雪夫距离。假设需要计算 $x = \{x_1, x_2, x_3, \cdots, x_n\}$ 与 $y = \{y_1, y_2, y_3, \cdots, y_n\}$ 间的各种距离。

(1)欧几里得距离。欧几里得距离(Euclidean Distance)可以用来衡量多维空间中各个数据对象点之间的绝对距离，是最常用的一种距离度量，简称欧氏距离。公式定义如下

$$d(x, y) = \sqrt{\sum_{k=1}^{n} (x_k - y_k)^2} \tag{2-1-1}$$

其中，n 是维数；x_k 和 y_k 分别是 x 和 y 的第 k 个属性值(分量)。

(2)闵可夫斯基距离。闵可夫斯基距离(Minkowski Distance)是欧氏距离的一种推广形式，可对多个距离度量公式进行概括性表述，简称闵氏距离，其公式如下

$$d(x, y) = \left(\sum_{k=1}^{n} |x_k - y_k|^r \right)^{\frac{1}{r}} \tag{2-1-2}$$

其中，r 是参数，特别地，当 $r = 2$ 时，闵可夫斯基距离就是欧几里得距离，故又称为 L_2 范数。

（3）曼哈顿距离。曼哈顿距离（Manhattan Distance）来源于方形建筑区块的城市间最短行车路径的求解问题，通过计算在多个维度上的距离并进行求和得到，是闵氏距离的特殊形式，即 $r = 1$ 时的闵氏距离（也称 L_1 范数），公式如下

$$d(x, y) = \sum_{k=1}^{n} |x_k - y_k| \tag{2-1-3}$$

（4）切比雪夫距离。切比雪夫距离（Chebyshev Distance）起源于国际象棋中国王的走法，是求解从棋盘中 A 格 (x_1, y_1) 走到 B 格 (x_2, y_2) 需要走的最少步数问题。在多维空间中，切比雪夫距离等价于当 r 趋向于无穷大时的闵氏距离（也称 L_{max} 或 L_{∞} 范数）。这是对象属性之间的最大距离。更正式地，L_{∞} 距离公式如下

$$d(x, y) = \lim_{r \to \infty} \left(\sum_{k=1}^{n} |x_k - y_k|^r \right)^{\frac{1}{r}} \tag{2-1-4}$$

注意，参数 r 与维数（属性数）n 并不等同。

2. 数据对象之间的相似度

相似度满足对称性和非负性，但对于三角不等式一般不成立。如果 $s(x, y)$ 是数据点 x 和 y 之间的相似度，则相似度具有如下性质。

（1）仅当 $x = y$ 时，$s(x, y) = 1$（$0 \leqslant s \leqslant l$）。

（2）对于所有 x 和 y，$s(x, y) = s(y, x)$。（对称性）

相似度没有与三角不等式对应的一般性质。然而，有时可以将相似度简单地变换成一种度量距离。此外，对于特定的相似性度量，还可能在两个对象相似性上导出本质上与三角不等式类似的数学约束。

2.2 数据预处理方法

数据预处理是数据挖掘前的数据准备工作，经过数据预处理可去除一部分与数据挖掘目标不相关的数据属性，也可能提取出利于数据挖掘的更有效的数据特征，为数据挖掘算法提供无噪声、准确或更加有针对性的数据，保证数据挖掘结果的正确性和有效性。同时，数据格式与内容的调整可以保证数据的一致性和完整性，也可使数据更好地满足挖掘的需要。目前，数据预处理比较常见的方法有数据清理、数据集成、数据变换及数据归约。

2.2.1 数据清理

数据清理是数据预处理中一个十分重要的环节，其主要任务是填充缺失值、噪声数据平滑、矫正数据不一致信息及识别离群点等[2]。因此，数据清理工作可减少数据挖掘过程中常出现的一些相互矛盾的情况。

　　1. 缺失值填充

　　不同数据源获得的数据通常存在属性值缺失的情况，如银行、电信、Web 等用户信息数据，其中一些属性可能没有记录值。若有数据缺失，则需填充丢失的值，常用方法如下[2,5]。

　　(1)在数据无类标记属性或有多个属性缺失值时，将整个元组信息忽略，但被忽略元组的剩余属性也无法使用。

　　(2)如果数据量较小，可以人为填写缺失值，但当数据集很大或数据值缺失较多时，此方法非常耗费时间，实际可操作性比较差。

　　(3)将缺失的属性值用同一常数或符号替换，即设置全局变量。但如果大量采用同一个属性值，数据挖掘算法可能会将其按照一个有趣模式挖掘出来，挖掘的结果可能出现偏差或错误。

　　(4)根据数据存在的统计规律，可将当前缺失值所对应属性的均值作为缺失值进行填充。进一步地，还可以用同类样本的属性均值填充缺失值或使用回归、决策树以及贝叶斯等方法经过归纳推理预测缺失值，然后用预测值填充缺失值。

　　2. 噪声数据平滑

　　噪声数据预处理是一种数据平滑技术，常见的平滑技术有分箱、回归和聚类三种[2]。

　　(1)分箱技术通过核查与数据相邻近的值来对有序数据进行平滑。有序数据值通常分布在箱中，分箱方法的核心思想是根据邻近值达到局部光滑的目的。每个箱值的区间范围是个常量，且箱的宽度越大，平滑效果越好。

　　(2)回归技术使用一个回归函数对数据进行拟合，来达到对数据进行光滑处理的目的。例如，线性回归可以对两个属性的数据进行直线拟合，然后通过一个属性的值可预测另一个属性值。

　　(3)聚类技术通过对数据进行分析，将具有相似属性值的数据划分到一个簇，这样，所有簇之外的数据可以作为离群点检测出来。

　　3. 数据清理过程

　　数据清理是一项十分繁重的任务，一些数据的缺值、噪声和不一致性都会产生不准确的数据。数据清理主要包括偏差检测及偏差矫正两个步骤[2]。

　　(1)偏差检测是利用元数据，即关于已有数据性质的知识来发现噪声数据、离群点和一些不寻常值。偏差检测需要考察数据属性的定义域和数据类型，属性值要落在预期的值域范围内。另外，属性之间的依赖、数据趋势的发展与异常的识别都要考虑。

　　(2)偏差矫正通常可采用一系列变换来实现。目前，一些商业软件可以支持特定应用的数据变换，而数据的复杂性使得目前的数据清理工具还不够通用，仍然需要一些定制的程序矫正偏差，以达到较好的清理效果。这两个步骤迭代执行，直到检测不到偏差，完成整个清理过程。

2.2.2　数据变换

　　通过数据变换将不同表现形式的数据转换为统一的表现形式，以提高挖掘效率。目前，数据变换方法主要有数据平滑、数据聚集、数据泛化和数据规范化等[2]。

数据平滑是通过分箱、回归和聚类等方法去掉数据中的噪声数据。数据聚集通常用来为多粒度数据分析构造数据立方体，对数据进行汇总或聚集。数据泛化使用概念分层的方法，将一些低层数据替换为更易于挖掘的高层概念。例如，将不同年龄段的数值属性映射到如青年、中年和老年等较高层概念。类似地，可分析已有的数据属性，并归纳出新的属性，添加到原有属性集中，便于后续挖掘。数据规范化是一种常用的数据变换方式，将数据属性的值按比例进行缩放，使数据处于一个较小的指定区间内。规范化可帮助神经网络等分类算法加快学习速度，防止不同域的数据属性值差异过大。

最常用的数据规范化方法主要包括最小-最大规范化、z-score 规范化及小数定标规范化三种[2]。

(1) 最小-最大规范化。该方法主要是对原始数据进行了一种线性变换，形式如下

$$v' = \frac{v - \min_N}{\max_N - \min_N}(\text{new\_max}_N - \text{new\_min}_N) + \text{new\_min}_N \qquad (2\text{-}2\text{-}1)$$

其中，N 表示一个数据属性，$\min_N$ 表示该属性的最小值，$\max_N$ 表示其最大值；v 是属性 N 规范化前的初值，v' 是其规范化后的值，该规范化过程保证 v' 落在 [new_min_A, new_max_A] 区间上。

(2) z-score 规范化。该方法通常在数据中的最大值与最小值未知的情况下使用，形式如下

$$v' = \frac{v - \mu}{\sigma_A} \qquad (2\text{-}2\text{-}2)$$

属性值使用式 (2-2-2) 可完成由初始值 v 到 v' 的 z-score 转换，其中，N 的均值为 μ，标准差为 σ_A。

(3) 小数定标规范化。该方法是通过改变属性值的小数点位置达到数据规范化的目的。小数点的移动位数取决于 N 的最大绝对值，小数定标规范化形式如下

$$v' = \frac{v}{10^j} \qquad (2\text{-}2\text{-}3)$$

其中，j 是使得 $\text{Max}(|v'|) < 1$ 的最小整数，通过式 (2-2-3) 将属性 N 的值 v 的小数定标规范化为 v'。

2.2.3　数据归约

数据归约是对数据进行简化，主要是进行降维，在不牺牲成果质量的前提下，丢弃一些已准备和预处理的数据。在实践中，有时特征的数量会达到成百上千甚至更多，对高维数据不加以选择地进行挖掘和分析，往往会引起数据超负，导致一些数据挖掘算法无法使用或达不到理想效果。因此，需要对高维数据进行维归约[6-9]。

1. 特征归约

数据中不仅存在干扰噪声数据，而且数据之间可能存在不相关或冗余等特性。为了提高挖掘效率，可通过相应的特征归约算法选择相关数据，去除冗余数据，以达到用最

少的数据获得最佳挖掘性能的目的[7]。因此，特征归约策略主要是为了减少数据的特征，从数据中归纳出更好的模型，提高数据挖掘处理精度与速度[8]。

(1) 特征子集选择。在挖掘任务中可以只选择那些与任务密切相关的特征，而舍弃那些不相关的特征，以达到减少特征的目的，这涉及特征子集的选择问题。特征子集选择也称属性选择，是指从数据的全部特征中挑选出能表示原数据的特征子集，构造出更精炼的模型，以适应后续数据挖掘算法的需要[9]。

特征子集选择方法主要有向前选择、向后删除、向前选择与向后删除相结合以及决策树归纳四类[2]。向前选择是以空属性集作为新特征集，从剩下的原属性集中选择最好的属性迭代地添加到新的特征集中的特征子集选择方法；而向后删除则以整个属性集作为初始集，迭代删除属性集中最差的属性。向前选择和向后删除相结合的方法是迭代选择一个最好属性的同时删除剩余属性中的最差属性；决策树归纳是通过使用一个度量阈值作为属性选择过程的终止条件来构造一个树结构，当决策树构造完后，出现在树中的属性被认为是归约后的特征子集，而不相关和冗余属性不会出现在树中。

另外，特征子集的选择方法也可划分为滤波器方法 (Filter) 和嵌入式方法 (Wrapper) 两大类[10]：基于滤波评价策略的特征选择算法通过选择一些合适的准则来降低特征之间的相关性，快速评价特征的好坏，以提高计算效率。目前，比较常用的准则有概率距离和相关测量法、类间和类内距离测量法、信息熵法、决策树滤波方法等。该策略可以找到一个满足预设条件的特征子集，但该策略得到的特征子集可能包含噪声且不能保证优化特征子集规模是最小的。基于嵌入式评价策略的特征选择算法则与分类器的选择相关联，通常特征选择依赖于每个迭代步骤中选择的特征，将该特征在分类器中的表现作为评价标准，进一步选择新的特征子集。与上述基于滤波方法的特征选择相比，嵌入式方法的速度相对较慢，但该方法所选取的特征子集相对较小。同时，由于与分类器的分类效果相关联，特征子集更具有针对性，有利于后续挖掘。

(2) 特征变换。特征变换的基本思想是减小变量之间的相关性，用较少的新变量来尽可能反映原样本的信息。从几何的观点来看，通过将数据变换到新的表达空间，可使数据具有更好的可分性。本节介绍线性判别分析 (Linear Discriminative Analysis，LDA) 和主成分分析 (Principle Component Analysis，PCA) 两种方法。线性判别分析法采用比较简单的判别函数进行分析。首先假定判别函数 $g(x)$ 是 x 的线性函数，即 $g_i(x) = w_i^{\mathrm{T}} x + w_{i0}$。对于 c 类问题，可定义 c 个判决函数，即 $i = 1, 2, \cdots, c$。用训练样本估计 w_i 和 w_{i0} 的值，并把未知样本 x 归到具有最大判别函数值的类别中。主成分分析法又称 K-L 方法，是将原始数据映射到一个相对较小的空间，从而实现维度归约。其核心思想是搜索 $k(k \leqslant n)$ 个最能代表数据的 n 维正交向量，即主成分，它们是一些相互垂直的单位向量。通常先将输入数据的每个属性的值进行规范化，使得数据都落在相同的区间内，以确保不同定义域的属性不会彼此影响。然后计算规范化后数据集的协方差矩阵，再计算协方差矩阵的 k 个最大特征值对应的特征向量作为规范化输入数据的主成分。按重要性 (特征值的大小) 将主成分降序排列。保证第一个坐标轴显示数据的最大方差，最后一个坐标轴显示数据的最小方差。可根据主成分的重要性排列选取主成分来降低数据的规模。

2. 数值归约

数值归约技术指用较少的数据表示形式来代替原来的表现形式，以减少数据量。通常通过特征离散化技术来完成。首先将具有连续型特征的值进行离散化，可将一个区间映射到一个离散符号，进而简化数据描述。

(1) 数学统计分析方法。数值归约可采用数学统计分析方法，如回归和对数线性模型，它们通常可以用来完成对给定数据的拟合。可以通过线性回归将数据拟合为一条直线。通过样本数据使用最小二乘法等可以计算其系数，多元线性回归方法是线性回归的扩展，某变量可表示为两个或多个预测变量的线性函数。

又如，可以通过使用对数线性模型得到基于维组合的一个较小子集，这使得高维数据空间可以由较低维空间构造。因此，对数线性模型也可以用于维归约和数据光滑。

(2) 直方图方法。数据的分布可通过使用分箱操作的直方图来近似。直方图将数据分布划分为若干不相交的子集或桶(通常表示给定属性的一个连续区间)。如果每个桶只代表单个属性值或频率，则称为单桶。确定桶和属性值的划分规则包括如下几种方法[2]：桶宽度一致的等宽直方图；每个桶包含邻近数据个数相同的等频直方图；在桶的个数固定的情况下，具有最小方差的 V 最优直方图；在用户指定桶数并充分考虑每对相邻值之间的差的 MaxDiff 直方图。

(3) 聚类方法。根据相似性的定义，聚类可将数据对象划分为"相似"的簇。同一簇内对象是比较相似的。在数据归约中，可以考虑用数据的簇来表示，例如，用簇中心来表示实际数据。进一步，多维索引树也可用于分层数据的归约，提供数据的多维聚类。

3. 案例归约

案例归约过程实际上是一个取样过程，目前常用的方法有简单随机取样、系统取样、分层取样和簇抽样[1,3,4]。

(1) 简单随机取样。简单随机取样指从若干个样本中逐个抽取样本，且每次抽取时所有个体被抽到的概率相同且完全独立，相互之间没有一定的关联性和排斥性。

(2) 系统取样。当总体的样本个体数较多时，采用简单随机抽样显得较为烦琐。通常系统取样是将总体分成平均的几部分，然后按照预先的规则从每一部分抽取一个样本，得到所需要的样本。系统化取样是最简单的取样技术，又称机械取样、等距取样，易于理解、简便易行。但当总体有周期或增减趋势时，易产生偏性。

(3) 分层取样。通过将样本分成互不重叠的层，按一定比例独立地从各个层中抽取一定数量的样本，再合成一个样本。分层取样有效地将科学分组法与抽样法结合在一起，保证抽取出具有足够代表性的样本。

(4) 簇抽样。将样本中所有个体聚成若干个不同的簇，并以簇为单位进行抽样。簇抽样实施过程比较方便。

2.2.4　数据集成

数据集成是指将多个不同数据源的数据合并在一起，并存放在一个一致的数据集中。数据集成的目的在于降低和避免数据冗余，进而有效提高了数据挖掘过程的准确率和速度。在数据集成过程中通常会遇到以下几类问题[2]。

(1) 数值冲突。在不同数据源中可能存在数据表示形式或编码原则的差异，可能导致在不同数据源中的同一实体属性值不相同，即数值冲突问题。

(2) 对象匹配。数据集成过程中首先要寻找来自多个信息源的等价实体，对它们进行相互匹配。因此，要对实体进行识别。对数据分析者或计算机而言，要先确定不同数据库中某个不同属性的命名是否为同一属性。因此，对每个属性的元数据标注提出了更高的要求，应包括名字、意义、数据类型等详细信息，以更好地防止模式集成过程中可能带来的错误。

(3) 数据冗余。不同数据源中属性命名规则可能导致集成数据冗余。另外，若一个属性可以从其他属性推导出，也可能带来冗余数据。这两种情况都会使得集成数据中存在大量重复数据，冗余数据的消除一直是数据集成研究中的重点问题。

参 考 文 献

[1] 邵峰晶. 数据挖掘原理与算法[M]. 北京：中国水利水电出版社，2003.

[2] Han J W. Kamber M. 数据挖掘：概念与技术[M]. 2 版. 范明，孟小峰，译. 北京：机械工业出版社，2007.

[3] Steinbach M. 数据挖掘导论[M]. 2 版. 北京：人民邮电出版社，2011.

[4] David H, Heikki M, Padhraic S. 数据挖掘原理[M]. 张银奎，译. 北京：机械工业出版社，2003.

[5] 佟强. 科学数据网格中数据挖掘技术研究[D]. 北京：中国科学院，2006.

[6] Guyon I, Elisseeff A. An introduction to variable and feature selection[J]. Journal of Machine Learning Research, 2003 (3) ：1157-1182.

[7] Yu L, Liu H. Feature selection for high-dimensional data: A fast correlation-based filter solution[C]// Proceedings of the Sixteenth International Conference on Machine Learning, ICML-2003, Washington DC, 2003: 856-863.

[8] John G H, Kohavi R, Pfleger K. Irrelevant features and the subset selection problem[C]//Proc of the 11th Int'1 Conf on Machine Learning, 1994:121-129.

[9] 刘海燕. 基于信息论的特征选择算法研究[D]. 上海：复旦大学，2012.

[10] 毛勇，等. 特征选择算法研究综述[J]. 模式识别与人工智能，2007, 20 (2)：211-218.

第 3 章 关 联 规 则

关联规则挖掘[1,2]在数据挖掘领域至关重要,它的定义是从数据背后发现大量项集间可能存在的有趣的关联或相互联系。关联规则的一个典型应用实例是购物篮分析,一个非常有名的故事是"尿布与啤酒",即美国的妇女经常让其丈夫去为孩子买尿布,丈夫在买完尿布之后发现周围货架上有啤酒就会一起买回来,因此啤酒与尿布在一起被购买的机会更多。对购物篮的分析可以帮助商家改进商品货架的布局。下面讨论关联规则中的一些重要概念以及如何从数据中挖掘出关联规则。

3.1 基 本 概 念

关联规则挖掘(Association Rule Mining)最早是由 Agrawal 等[3]提出的。在深入分析购物篮问题之后,发现顾客购买不同商品在事务数据库中存在的内在联系规则。关联规则挖掘的对象一般是事务数据库,具体定义[1,2,4,5]如下。

关联规则挖掘的数据对象集合记为 $D = \{t_1, t_2, t_3, \cdots, t_k, \cdots, t_n\}$,用 $t_k = \{l_1, l_2, l_3, \cdots, l_j, \cdots, l_p\}$ $(k = 1, 2, \cdots, n)$ 表示一个事务,t_k 中的元素 $l_j (j = 1, 2, \cdots, p)$ 称为项。

假定 $L = \{l_1, l_2, \cdots, l_m\}$ 是 D 中全体项目组成的集合,L 的任何集合 S 称为 D 中的项集,若 $|S| = k$ 则称集合 S 为 k 项集,如 $L_1 = \{l_1, l_3, l_4\}$ 就是一个项集,设 t_k 和 S 分别为 D 中的事务和项集,如果 $S \subseteq t_k$,则称事务 t_k 包含项集 S。

假设数据集 D 中包含项集 S 的事务数量为 N_S,项集 S 出现的概率为 $P(S) = N_S / N$,称为项集 S 的支持度。其中 N 是数据集 D 的事务数。关联规则要求项集必须大于最小支持度阈值 T,若 $P(S)$ 大于或等于用户指定的最小支持度 T_P,则称 S 为频繁项集[6,7],否则 S 为非频繁项集。

蕴含式 $S \Rightarrow S'$ 称为关联规则,当且仅当 S、S' 是项集且 $S \cap S' = \varnothing$,其中 S 称为规则的前件,S' 称为规则的后件。项集 $(S \cup S')$ 的支持度称为关联规则 $S \Rightarrow S'$ 的支持度,即 $P(S \Rightarrow S') = P(S \cup S')$。

其信任度如下

$$C(S \Rightarrow S') = \frac{P(S \cup S')}{P(S)} \tag{3-1-1}$$

支持度与信任度是衡量所挖掘关联规则的指标[4,5,8,9]。支持度通常用来测量关联规则在整个数据频繁出现的重要性,信任度用来测量关联规则的可信度,用户指定的最小信任度为 T_C。

若 $P(S \Rightarrow S') \geqslant T_P$,$C(S \Rightarrow S') \geqslant T_C$,则 $S \Rightarrow S'$ 称为强关联规则,否则为弱关联规则。

对于一个项集 S,加入若干不重复项构成的项集称为 S 的超集,只加入一个不重复

项构成的项集称为 S 的直接超集。如果一个项集的所有直接超集都不是频繁项集，则该频繁项集称为最大频繁项集。寻找最大频繁项集的基本搜索策略有广度优先搜索和深度优先搜索[1,3,10]。

（1）广度优先搜索基本思想。搜索第 1 层的最大频繁 1 项集，再搜索第 2 层的最大频繁 2 项集，直到没有最大频繁项集产生。

（2）深度优先搜索基本思想。如果搜索到第 i 层的是一个最大频繁项集，则扩展该最大频繁项集，得到第 $i+1$ 层的候选最大频繁项集，由搜索到第 $i+1$ 层的一个最大频繁项集再次扩展该最大频繁项集，得到第 $i+2$ 层的候选最大频繁项集，以此类推，当没有最大频繁项集产生时需回溯，直到没有频繁项集产生也没有回溯，结束。

3.2　Apriori 算法

1994 年 Agrawal 和 Srikant 提出了一种名为 Apriori 的针对布尔关联规则挖掘频繁项集的算法[1]，这种算法基于频繁项集性质的先验知识，提高了频繁项集产生的效率。

其主要思想是一种经典的用于生成关联规则的频繁项集挖掘算法[11]。其基本思路是通过逐层迭代搜索的方式由 k 项集寻求 $k+1$ 项集，并判断产生的 $k+1$ 项集是否频繁。假定 SC_k 为 k 的候选项集集合，SF_k 为 k 的频繁项集集合，扫描数据库，通过累计每个项的计数得到满足最小支持度的项，得到频繁 1 项集的集合，该集合记作 SF_1。再扫描一次数据库，通过 SF_1 找到频繁 2 项集集合 SF_2，依次迭代，直到找不到频繁 k 项集为止。

Apriori 重要性质：若项集 S 是一个频繁项集，则 S 的所有非空子集也是频繁项集。一个项集 S 的超集 SS 是指 SS 满足 $S \subset SS$，且 $|S| < |SS|$。即由 S 项集添加任意多个其他项构成的项集都是 S 的超集。由项集 S 仅添加一个项构成的项集 SS 称为 S 的直接超集。Apriori 性质具有反单调性，如果一个项集不是频繁项集，则它的所有超集也一定不是频繁项集。

Apriori 算法候选项集产生的核心操作包括连接步和剪枝步[1,6,8]两个步骤。

（1）连接步。通过 L_{k-1} 与自身连接产生候选 k 项集集合，记作 SC_k。l_1 和 l_2 是 L_{k-1} 中的项集。$l_i[j]$ 表示 l_i 中的第 j 项。假定事务或项集中的项按字典次序排列，使得项的排列次序为 $l_i[1] < l_i[2] < \cdots < l_i[k-1]$。执行 L_{k-1} 自连接，如果它的前 $k-2$ 个项相同，则 L_{k-1} 的元素可连接。连接 l_1 和 l_2 产生的结果项集是 $l_1[1], l_1[2], \cdots, l_1[k-1], l_2[k-1]$。

（2）剪枝步。任何 $k-1$ 非频繁项集不能是频繁 k 项集的子集。SS_k 是 L_k 的超集，即 SC_k 中可能存在非频繁的成员，但 SC_k 也包含所有的频繁 k 项集。通过扫描数据库确定 SC_k 中每个候选的计数，可确定 L_k（因为计数值不小于最小支持度计数的候选集是频繁的，即属于 L_k）。

产生频繁项集之后，可通过满足最小支持度和最小信任度的标准得到强关联规则。首先对每个频繁项集，产生它的所有非空子集 S。然后对于 $\dfrac{P(L)}{P(S)} \geq T_C$，可输出规则 $S \Rightarrow (L-S)$。

由于这些规则是由频繁项集生成的，所以每个规则都满足最小支持度。因为预先将频繁项集和它们的支持度存放在散列表中，所以访问速度很快。

为了进一步提高基于 Apriori 的挖掘效率，研究者提出了几种 Apriori 算法的不同变形算法，介绍如下。

(1) 基于局部与全局频繁项融合。使用划分技术两次扫描数据库，确定频繁项集。首先将 D 中的事务划分为 n 个非重叠的部分，找出每个部分内的局部频繁项集。再将其组合形成 D 的全局候选项集。再次扫描数据库，确定每个候选的实际支持度并最终确定全局频繁项集[12]。

(2) 基于杂凑 (Hash) 方法。扫描数据库，通过 SC_1 中候选 1 项集产生频繁 1 项集 SF_1 时，将每个事务产生的 2 项集映射到散列表中的不同桶，并统计桶中元素个数压缩候选 k 项集[13]。

(3) 基于压缩事务方法。利用不包含频繁 k 项集的事务不可能包含频繁 $k+1$ 项集的性质，可以将不包含 k 项集的事务加上标记或删除，不计入统计。

(4) 基于数据取样方法。该方法是在数据集 D 中选取一些随机样本 X，在 X 中扫描频繁项集。这种方法通过牺牲挖掘结果的准确度来提高检测的计算效率[9,10]。

(5) FP-Growth 算法。FP-Growth 算法[14,15]采用一种称为 FP-Tree (Frequent Pattern Tree) 的数据结构表示数据库中项集的关联，并在 FP-Tree 上递归地找出所有的频繁项集。

3.3 其他关联规则挖掘

1. 在多个数据库中挖掘多维关联规则

若不使用事务数据库，而把销售数据记录在关系数据库或数据仓库中，则这种存储是多维的。将每个数据库属性或数据仓库的维看作谓词，可以挖掘多谓词的关联规则，如式 (3-3-1) 所示

$$age(X, "20\cdots29") \wedge occupation(X, "students") => likes(X, "travel") \qquad (3-3-1)$$

多维关联规则 (Multidimensional Association Rule)[16,17]是指关联规则中包含两个或两个以上的谓词。同时如果每个不同谓词在关联规则中仅出现一次，这样的关联规则称为维间关联规则 (Inter-Dimensional Association Rule)。例如，上述规则中有三个不同的谓词，分别为 age、occupation 和 likes。同一谓词重复出现的关联规则称为混合维关联规则 (Hybrid-Dimensional Association Rule)。例如

$$age(X, "20L29") \wedge likes(X, "sports") => likes(X, "travel") \qquad (3-3-2)$$

数据库属性的量化 (Quantitative) 是指属性的取值之间有蕴含的序。挖掘多维关联规则的技术可根据量化属性的处理分为以下两种基本方法。

第一种方法是对量化属性进行预先静态设置。即在挖掘算法之前人为设置量化属性的区间。然后对数据库进行离散化。例如，对于 income 概念分层，用区间 "0~20K" "21~30K" "31~40K" 等将原属性划分为不同层次。这种策略是静态的和预定的。

第二种方法是根据数据的分布，将量化属性自动生成不同的箱。在挖掘过程中进一

步组合箱。这种策略是动态地满足各种挖掘标准的。因为这个过程是将数值处理成量，所以方法挖掘到的关联规则称为量化关联规则。

2. 非二值属性的关联规则挖掘

大多数关联规则挖掘算法针对的是购物篮一类具有二元属性的数据，即对于事务 t_i，若包含 i_j 项，则为 true，否则为 false。但是现实数据集中的属性通常可取离散化的多个值，也可以取连续值，这样就无法直接利用上述算法挖掘该类数据的关联规则。为此可以考虑使用数据预处理方法，将它们转化为二元属性，再使用二元属性关联规则挖掘算法。

3. 多层关联规则挖掘

在许多具有数据稀疏性的应用中，在底层或原始层可能很难发现强关联规则，而在较高的抽象层更有可能发现强关联规则，并能提供一些常识。不同的人常识的积累程度不同，对于一些用户是常识的，对另外的用户可能是新颖的知识。所有应考虑到对不同概念层次如何进行关联规则的挖掘[16,18]，这种挖掘也是很有必要的。

4. 使用垂直数据格式挖掘频繁项集

格式满足（{TID:itemset}）类型的数据格式称为水平数据格式[4,15]，其中 TID 表示事务，itemset 表示事务 TID 中购买商品的集合。而格式满足（{item:TID_set}）的数据格式称为垂直数据格式。其中，item 表示每个项的名称，TID_set 是包含 item 的事务的标识符集合。

参 考 文 献

[1] Agrawal R, Srikant R. Fast algorithms for mining association rules in large databases[C]// Proceedings of the International Conference on Very Large Databases, 1994: 487-499.

[2] Liu G M, Lu H J, Lou W W, et al. Efficient mining of frequent patterns using ascending frequency ordered prefix-tree[J]. Data Mining and Knowledge Discovery（DMKD），2004, 9（3）: 249-274.

[3] Agrawal R, Imielinski T, Swami A N. Mining association rules between sets of items in large databases[J]. SIGMOD Conference, ACM Sigmod Record, 1993, 22: 207-216.

[4] Zaki M J. Scalable algorithm for association mining[J]. IEEE Trans. Knowledge and Data Engineering, 2000, 12: 372-390.

[5] Ng C R, Lakshmanan L V S, Han J, et al. Exploratory mining and pruning optimizations of constrained association rules[C]// Proc.1998 ACM-SIGMOD Int. Conf. Management of Data（SIGMOD'98），Seattle, WA, 1998: 13-24.

[6] 邵峰晶. 数据挖掘原理与算法[M]. 北京：中国水利水电出版社，2003.

[7] Han J, Cheng H, Xin D, et al. Frequent pattern mining: Current status and future directions[J]. Data Mining and Knowledge Discovery, 2007, 15（1）: 55-86.

[8] Han J W. Kamber M. 数据挖掘：概念与技术[M]. 2 版. 范明，孟小峰，译. 北京：机械工业出版社，2007.

[9] Toivonen H. Sampling large databases for association rules[C]// Proceedings of the 22nd International Conference on Very Large Database, Bombay, 1996.

[10] Bayardo R, Agrawal R. Mining the most interesting rules[C]// Proceedings of the ACM SIGKDD Conference on Knowledge Discovery and Data Mining, San Diego, California, 1999: 145-154.

[11] Tan P N, Steinbach M, Kumar V. 数据挖掘导论[M]. 北京：人民邮电出版社，2006.

[12] Savasere A. A fast distributed algorithm for mining association rules[C]// Proc. of 1996 Int'l. Conf. on Parallel and Distributed Information Systems, 1995: 31-44.

[13] Park J S, Chen M S, Yu P S. An effective hash-based algorithm for mining association rules[C]// Proc. of ACM SIGMOD Int'l. Conference on Management of Data,1995: 175-186.

[14] Han J. Fu Y. Discovery of multiple-level association rules from large databases[C]// Proc. of the 21st Int'l. Conference on Very Large Data Bases（VLDB'95），Zurich, 1995: 420-431.

[15] Srikant R, Agrawal R. Mining Generalized Association Rules[M]. Armonk: IBM Research Division, 1995.

[16] Gao X, Wang W, Wu S. Multidimensional association rule mining method based on data cube[J]. Computer Engineering, 2003, 14: 029.

[17] Zubcoff J, Trujillo J. A UML 2.0 profile to design association rule mining models in the multidimensional conceptual modeling of data warehouses[J]. Data & Knowledge Engineering, 2007, 63（1）: 44-62.

[18] Eavis T, Zheng X. Multi-level frequent pattern mining[C]// International Conference on Database Systems for Advanced Applications, 2009: 369-383.

第4章 分　类

随着计算机技术与互联网技术的飞速发展，人们日常生活中出现了越来越多的数据，这些看似互不相同、杂乱无章的海量数据却蕴含着许多至关重要的信息。通过对数据进行分析，可以更好地理解现有的事物并对未来事件作出预测。分类是数据挖掘和机器学习等领域非常重要的一种数据分析方法，可用来描述数据的类别属性或对数据未来的趋势进行预测，以便于更全面地理解数据。本章介绍数据分类与预测的一些基本概念与常用算法，如分类器中的决策树分类器、贝叶斯分类器、最近邻分类器等[1-4]。除此之外，还简单介绍了分类器的评估与度量方法。

4.1　基　本　概　念

分类的目的是从一定的数据集中提取出重要数据的类别信息，并建立相应的数据分类模型。所学习到的数据分类模型具有把数据库中的数据记录映射到某一类别的能力，以预测数据未来的发展趋势，是数据挖掘领域中一个重要的研究方向。分类算法中常用到以下几个概念。

(1)样本。类似数据表中的元组概念，每个数据元组通常也可看成一个样本或一个数据对象。一个样本由若干属性组成。每一个样本可用 n 维向量 $X = (x_1, x_2, \cdots, x_n)$ 表示，分别描述样本中具有 n 个属性的数据。属性值可以是连续的，也可以是离散的，取决于描述样本特征的特定属性。

(2)训练集。为了构建分类模型而使用的数据集称为训练集，数据样本中的类别属性值都是已知的。其中每一个样本为一个训练样本，可以用 $(v_1, v_2, \cdots, v_n : c)$ 表示，其中，v_i 表示字段值，c 表示类别。

(3)测试集。测试集是用来测试分类模型的性能而使用的数据集，每个样本的类别是已知的。当分类器模型构建之后，将测试集输入到分类模型中，通过分类模型判定该样本所属类别，然后将实际类别与判定类别进行比较，可用来评价分类模型的准确率。

分类的目的在于根据训练集中的数据分析输入数据的特点，为每类输入样本寻找到准确的判别准则，构建分类模型，用于对测试数据分类。测试数据的类别可以是已知的，也可以是未知的，具体来说，分类是学习一个目标函数，将属性集 X 映射到已定义的类标记 y 中，如图4-1所示。目标函数也称为分类模型。

分类主要包括两个阶段，即学习阶段(构建分类模型)和分类阶段(使用模型预测数据标记)。

(1)学习阶段。分类算法通过分析训练集来"学习"分类模型。例如，当用分类规则来处理一个给定消费者的信用信息数据时，通过训练样本中用户的姓名、年龄及收入确定消费者的信誉度，通过相应的学习算法得到对应的分类规则，并且此分类规则可以作为后续数据样本分类的标准。

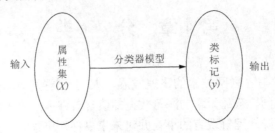

图 4-1   分类器任务

(2) 分类阶段。使用上述学习阶段构造的分类模型对测试样本集进行分类与预测，必须使用训练集之外的数据来度量分类器的准确率，以避免可能出现的过拟合 (Overfitting) 现象。因此，需要使用与训练样本集无关的测试数据集进行测试，即测试集与训练集不存在太大的关联，尽量不存在交集。

准确率是指分类器在对测试集进行分类时，正确分类的样本个数占总的测试样本个数的比例[2]。把每个测试样本的类标记与学习模型得出的类标记进行比较，如果认为分类器的准确率达到一定的要求，就可以判定所构造的分类器是性能比较好的。

4.2   决策树分类

决策树是分类与预测的主要技术之一。该方法的主要思想是从一组无次序、无规则的数据样本中归纳出分类规则，是以样本为基础的一种归纳学习算法。它通常采用自上而下的递归形式，在决策树的内部节点通过对属性值的计算，根据不同属性判断不断向下分支，直到叶节点。

决策树分类算法对噪声数据有很好的鲁棒性，是目前广泛使用的分类算法之一。目前常见的典型决策树分类算法有 ID3、C4.5、Cart 和随机森林等[5]。

4.2.1   决策树概念

决策树 (Decision Tree) 是一种树型结构，其中树的内部节点表示在一个数据属性上的测试，其分支代表其对应的测试结果，树的每个叶子节点代表一个具体类别。

决策树是一种十分常用的基于监督学习的分类方法。给定训练数据集中的每个样本都有一组属性与一个类别，类别是事先确定的，通过学习得到一个分类器，该分类器能够对新出现的数据对象给出正确的分类结果，在具体介绍决策树之前，首先介绍属性选择度量的概念。

属性选择度量是将具有已知类标记的训练样本进行数据划分时的一种选择分裂准则。属性选择度量方式决定了在给定节点上的样本该以何种方式进行分裂，因此，属性选择度量方式为描述训练样本中每个数据属性提供了评价标准，将具有最好度量得分的属性作为给定样本的分裂属性。决策树学习通常包括决策树的建立与决策树的使用两个步骤。

1. 决策树的建立

决策树生成过程的本质是一种贪心算法。它采用自上而下的方法，从根节点开始，对每个非叶子节点从样本集中找出一个测试属性对训练集进行测试，并按测试结果不同将训练集划分成若干子训练集。每个子训练集构成一个新的非叶子节点，迭代执行上述划分过程，直至达到特定的终止条件而形成叶子节点。在建立决策树的过程中，测试属性的选择是构建决策树过程的重要步骤，选取标准的不同体现了不同决策树算法之间的差异。

2. 决策树的使用

对于给定的未知类别样本，可将其输入到已经建立好的决策树中，利用决策树转换的分类规则判定其类别。构建的决策树实际上可得到"如果…那么"格式的分类规则，比较测试样本的属性值与分类规则的"如果…"条件，若符合条件，则这条规则的分类就是该样本所属类别。

4.2.2　常见决策树算法

决策树分类器具有易于理解、速度快、准确性高的特点，是数据挖掘领域研究分类问题最常用的方法。目前，比较经典的决策树算法有 ID3、C4.5 和 Cart 及随机森林四种算法。

1. ID3 算法

ID3 算法是决策树学习方法中最典型的算法之一，是由 J. Ross Quinlan 于 1986 年提出的一种基于信息熵的决策树分类预测算法。ID3 算法建立在推理系统和概念学习系统的基础之上，主要针对属性选择问题。采用贪心方法，以自上而下递归的方式构造决策树。ID3 算法运用信息熵理论，在决策树各级节点上选择属性时将信息增益值作为选择测试属性的标准，选择具有最大信息增益值的属性，并根据选择属性的不同取值建立分支，重复上述过程，完成决策树节点分支的构建，使得所有子集被归为同一个类别之中。最后生成一棵可以对新的样本进行分类的决策树。

信息论中熵的概念是一种不确定性信息的度量，通常认为数据的熵值越大，数据所蕴含的信息量就越大。信息增益度量是基于熵的概念提出的。ID3 算法使用信息增益作为属性选择度量，并将具有最高信息增益的属性作为分裂属性[1]。这种方法可以保证对一个样本分类所需要的期望测试数目最小，并找到一棵简单但不一定是最简单的树。假定 D 为具有类标记的样本训练集，共有 m 个不同的类标记，C_i 表示 D 中 m 个不同的类 $C_i(i=1,\cdots,m)$，而 $C_{i,D}$ 表示 D 中 C_i 类元组的集合，而 $|D|$ 和 $|C_{i,D}|$ 表示其中样本的个数。其中的样本分类所需要的信息增益公式如下

$$\text{Info(D)} = -\sum_{i=1}^{m} p_i \log_2(p_i) \tag{4-2-1}$$

其中，p_i 是 D 中任意样本属于类 C_i 的概率，等于 $|C_{i,D}|/|D|$；$\text{Info}(D)$ 为 D 的熵，是识

别 D 中样本的类标记所需要的平均信息量。

　　假设从节点 N 开始对 D 中的样本按属性 A 进行划分，其中属性 A 对应的训练数据共有 n 个不同值 $\{a_1, a_2, \cdots, a_n\}$。如果 A 是离散值的，则可以用属性 A 将 D 划分为 n 个子集 $\{D_1, D_2, \cdots, D_n\}$，其中 D_i 是 D 中在属性 A 上值为 a_i 的样本集。n 个分区对应于从节点 N 生长出来的分支。在此划分之后，为了得到准确的分类，一般选择下式度量

$$\text{Info}(A, D) = \sum_{i=1}^{n} \frac{|D_i|}{|D|} \text{Info}(D_i) \tag{4-2-2}$$

其中，$\dfrac{|D_i|}{|D|}$ 为第 i 个子集的权重；$\text{Info}(A, D)$ 为按属性 A 对 D 中样本分类所需要的期望信息。期望信息越小表示划分的子集纯度越高。

　　信息增益定义为原来只基于类比例的信息需求与新的按属性 A 划分后的信息需求的差，即

$$\text{Gain}(A) = \text{Info}(D) - \text{Info}(A, D) \tag{4-2-3}$$

　　选择具有最高信息增益 $\text{Gain}(A)$ 的属性 A 作为节点 N 的分裂属性，使得完成样本分类需要的信息量最小，即 $\text{Info}(A, D)$ 最小。

　　计算 A 的所有可能的分裂点划分 D 的熵 $\text{Info}(A, D)$，选择值最小的点作为 A 的分裂点，将 D 划分为两个子集 D_1 和 D_2。

　　假设用 T 代表当前样本集，当前的测试属性集用 T_AtSet 表示，C 为属性类别，候选属性集中的所有属性皆为离散型，连续值属性必须事先经过预处理转化为离散型。则 ID3 算法的基本过程如下[2]。

　　(1) 如果 T 为空，则增加单一节点。

　　(2) 如果当前样本集 T 都属于同一个类 C，则返回一个标记为 C 的叶节点，否则执行下一步。

　　(3) 如果当前测试属性集 T_AtSet 为空或 T 中样本数少于给定值，则 N 为叶节点，类标记为 T 中出现最多的类；否则执行下一步。

　　(4) 计算 T_AtSet 中所有的属性的信息增益 Gain，选取 Gain 最大的属性作为测试属性 $T\_\text{Attribute}$。

　　(5) 以找到的 $T\_\text{Attribute}$ 值为分裂点，由 N 分裂出新的叶节点 N'。如果叶节点 N' 的样本子集 T' 为空，则 N' 不再分裂，并标记为 T 中出现最多的类，执行步骤 (6)；否则，以 T' 为当前样本集，T'_AtSet 为当前测试属性集，对 N' 继续分裂，重复以上所有步骤。

　　(6) 算法结束，输出决策树。

2. C4.5 算法

　　信息增益度量倾向于选择具有大量值的属性。但有时并不合适，特别是对唯一标识的属性。C4.5 算法[5]作为 ID3 的一种改进算法，使用增益率 (Gain Ratio) 作为属性选择度量。增益率是信息增益的一种扩充，利用"分裂信息 (Split Information)"值将信息增益规范化。分裂信息类与 $\text{Info}(D)$ 相似，定义如下

$$\text{SpInfo}(A, D) = -\sum_{i=1}^{n} \frac{|D_i|}{|D|} \times \log_2\left(\frac{|D_i|}{|D|}\right) \tag{4-2-4}$$

式(4-2-4)表示属性 A 在数据集上划分后，n 个输出所产生的信息。对于每个输出，它所考虑的输出元组数是相对于 D 中的总元组数的。因此，增益率定义为

$$\text{GainRatio}(A) = \frac{\text{Gain}(A)}{\text{SpInfo}(A)} \tag{4-2-5}$$

其中，$\text{SpInfo}(A)$ 表示属性 A 的分裂信息。选择具有最大增益率的属性作为分裂属性。但随着分裂信息趋向于 0，式(4-2-5)比例不再稳定。因此，选取测试的信息增益应不小于所有测试集的平均增益，这样可以杜绝这种情况出现。

C4.5 算法是在 ID3 算法的基础上提出的。它继承了 ID3 算法的优点，同时在以下方面作了改进[1]。

(1)用信息增益率取代信息增益作为选择属性的度量，克服了偏向选择取值多的属性的不足。

(2)采用后剪枝方法进行决策树构造，从而避免树的高度无节制地增长和数据过度拟合。

(3)能够离散化连续属性。ID3 算法只能处理离散型描述属性，而 C4.5 算法既可以处理离散型描述属性，也可以处理连续型描述属性。对于离散型属性，C4.5 算法与 ID3 算法都是以属性的取值个数进行计算的。假设有某个连续型描述属性 A_c，在某个节点上的数据集的样本数量为 n，C4.5 算法的处理方法如下。

(1)以数据样本的连续型属性为排序标准，对该节点上的样本进行递增排序，并获取相应的属性取值序列 $\{A_{1,c}, A_{2,c}, \cdots, A_{n,c}\}$，用于后续数据集划分。

(2)根据获取的属性取值序列可得到相应的 $n-1$ 个分割点。通过将分割点的取值 V_i 设置为相邻两个属性取值序列的均值，即 $V_i = (A_{i,c} + A_{(i+1),c})/2$，并以此作为划分标准将该节点上的数据集划分为两个子集。

(3)C4.5 算法通过计算每个分割节点的信息增益比，并根据计算出的最大信息增益比的分割点来划分数据集，获取分类结果。

(4)C4.5 算法具有处理不完整数据的优点，对于缺少属性值的数据通常用它所对应的训练实例中该属性的最常见值进行赋值或对属性的每个可能值赋予一个概率。

C4.5 算法通过有监督的学习找到一个从属性值到类别的映射关系，从而能对新的未知类别的实体进行分类。在给定的一个数据集上，每一个元组都能用一组属性值来描述，每一个元组属于一个互斥的类别中的某一类。

C4.5 算法在 ID3 算法的基础上增加了对连续型属性、属性值空缺情况的处理，针对树剪枝也有了较成熟的方法。假设 T 代表当前样本集，当前测试属性集用 T_AtSet 表示。C4.5 算法的基本过程如下[1]。

(1)创建根节点 N。

(2)如果当前样本集 T 都属于同一个类 C，且 N 为叶节点，其类标记为 C，则执行步骤(6)；否则执行下一步。

（3）如果当前测试属性集 T_AtSet 为空或 T 中样本数少于给定值，则 N 为叶节点，类标记为 T 中出现最多的类，执行步骤（6）；否则执行下一步。

（4）计算 T_AtSet 中所有属性的信息增益率 GainRatio，选取 GainRatio 最大的属性作为测试属性 $T\_Attribute$。如果 $T\_Attribute$ 为连续值，则要找到分割阈值。

（5）以找到的 $T\_Attribute$ 值为分裂点，由 N 分出新的叶节点 N'。如果叶节点 N' 的样本子集 T' 为空，则 N' 不再分裂，并标记为 T 中出现最多的类，执行步骤（6）；否则以 T' 为当前样本集，T'_AtSet 为当前测试属性集，对 N' 继续进行分裂，重复以上所有步骤。

（6）算法结束，输出决策树。

3. Cart 算法

基尼指数（Gini Index）是在 Cart 算法[6]中所使用的属性选择度量，指数据分区或训练集 D 的不纯度，定义为

$$\text{Gini}(D) = 1 - \sum_{i=1}^{m} p_i^2 \tag{4-2-6}$$

其中，p_i 是 D 中元组属于 C_i 类的概率，并用 $|C_{i,D}|/|D|$ 估计；m 是类的个数。

基尼指数要计算所有属性的二元划分。假设 A 是离散值属性且有 n 个不同值 $\{a_1, a_2, \cdots, a_n\}$，如果全集和空集不代表任何分裂，那么基于 A 的二元划分就存在 $2^n - 2$ 种可能。

每个子集 S_A 可以看成属性 A 的一个形如 $A \in S_A$ 的二元测试。给定一个样本，如果该样本 A 的值是 S_A 列出的值，则满足二元划分。将 A 进行二元划分后形成 D_1 和 D_2 两个子集，同时需计算每个子集的不纯度的加权和，因此，划分 D 的基尼指数定义为

$$\text{Gini}(A, D) = \frac{|D_1|}{|D|}\text{Gini}(D_1) + \frac{|D_2|}{|D|}\text{Gini}(D_2) \tag{4-2-7}$$

在划分的时候，需对每个属性进行划分。而对于离散值属性，选择该属性产生最小基尼指数的子集作为它的分裂子集。若属性 A 是连续值，则必须考虑每个可能的分裂点。与信息增益类似，将排序后的每对相邻两个值的中点作为可能的分裂点。注意，对于 A 的可能分裂点 split_point，D_1 是满足 $A \leqslant$ split_point 的样本子集，D_2 是满足 $A >$ split_point 的样本子集。

对离散或连续值属性 A 的二元划分的不纯度降低为

$$\Delta\text{Gini}(A) = \text{Gini}(D) - \text{Gini}(A, D) \tag{4-2-8}$$

最大化不纯度降低即最小化基尼指数，并将该属性作为分裂属性。分裂属性和它的分裂子集或分裂点共同形成分裂准则。

Cart 算法采用一种二分递归分割技术，将当前样本集分割为两个子样本集，使得生成的决策树的非叶子节点有两个分支。该算法使用基尼指数作为属性选择度量，保证分组中样本输出变量的差异性总和达到最小，即将"不纯度"最小的属性作为测试属性。

Cart 算法与 C4.5 算法相同，也采用后剪枝技术构造决策树。在构造过程中，Cart 算法考虑所有可能的信息，一直运行到不能再长出分支为止，从而得到一棵最大的决策

树，然后对这棵超大的决策树进行剪枝。剪枝算法通过独立的测试样本集对子树进行测试并计算错误的分类结果，将分类错误最少的子树作为最终的分类模型。

对于小样本集，由于样本数太少而无法分出独立测试样本集往往会产生过度拟合问题。Cart 算法采用一种称为交叉确定的剪枝方法很好地解决了这个问题。该方法先将原始训练样本集分成 N 份。从 N 份中取第 1 份作为测试集，另外的 $N-1$ 份作为训练集，经过建树和剪枝得到一棵局部决策树。然后以第 2 份作为测试集，将其余 $N-1$ 份作为训练集，又可以得到一棵局部决策树。如此，直到 N 份样本集都做了一次测试集为止，共可得到 N 棵局部决策树，综合这 N 棵局部决策树形成全局决策树。

Cart 算法的基本过程如下[7]。

(1) 创建根节点 N 并为其分配类别。

(2) 如果当前样本集 T 都属于同一个类 C 或 T 中样本数少于给定值，并且 N 为叶节点，其类标记为 C，则执行步骤(5)；否则执行下一步。

(3) 如果当前测试属性集 T_AtSet 的所有属性都执行一次划分，并计算所有划分的基尼指数。取基尼指数最小的划分所对应的属性作为测试属性 $T\_Attribute$，并以 $T\_Attribute$ 进行划分得到 T_1、T_2 两个子集。

(4) 以 T_1、T_2 两个子集为当前样本集，分别重复执行以上所有步骤。

(5) 算法结束，输出决策树。

在决策树的学习算法中，不仅要考虑分类模型的准确性，还要考虑决策树的复杂程度。如果决策树构造得过于复杂，则会造成决策树难以理解，没有实际意义。决策树构造得越小，其存储所花的代价越小，相对来说操作也会更加简单。因此，在构造决策树的过程中，在保证正确率的前提下，决策树越简单越好。

剪枝是目前最常用的简化决策树的方法。由于训练数据集中噪声和孤立点的影响，在决策树创建时会产生异常分支，使用统计度量方法剪掉最不可靠的一些分支，以防止决策树过于复杂。剪枝后的树更简单，也更容易理解。

根据剪枝的不同阶段，决策树的剪枝技术可分为先剪枝和后剪枝[2]。先剪枝是通过提前停止树的构建而对树剪枝，即一旦出现异常分支，立刻停止决策树的构建并进行剪枝。后剪枝技术允许决策树在充分生长的基础上，再根据一定的规则剪去决策树中那些不具有一般代表性的叶节点或分支。

4. 随机森林

随机森林(Random Forests，RF)是由 Leo Breiman 于 2001 年提出的，是基于决策树分类器的一种组合分类器[3]。森林由多棵相互独立没有关联的决策树组成。单棵决策树可以按照一定精度分类，为了显著提高精度，随机森林选择更多的树参与分类，将分类结果最多的类别作为最终类别输出。随机森林在分类精度上比单棵决策树的精度高。

随机森林是一个分类器，它由一系列单棵树分类器 $\{h(X,\theta_k);k=1,\cdots\}$ 组成，其中 $\{\theta_k\}$ 是独立同分布的随机变量。在输入 X 时，每一棵树给它分配最合适的类。θ_k 是为了控制每棵树的生长而引入的一个相对应的独立同分布的随机变量。例如，对于第 k 棵树，引入随机变量 θ_k，且与其之前引入的随机变量 $\theta_1,\theta_2,\cdots,\theta_{k-1}$ 独立同分布。利用训练集和 θ_k

生成第 k 棵树，即产生一个分类器 $h(X, \theta_k)$，其中 X 是一个输入向量。θ 的性质和维数依赖树的构造过程。在生成大量的决策树之后，让它们参与分类选出最多的类，这样的整个过程称为随机森林。

随机森林算法是一种可以有效地处理大数据集和估计缺失数据的方法，当数据集中有大比例的数据缺失时仍然可以保持精确度不变。在不平衡的数据集的类别总体中可以平衡误差，可以用来作聚类分析，计算实例组之间的相似度，确定异常点。随机森林算法提供了一种检测变量交互作用的实验方式。特别地，随机森林算法的运行速度非常快并且不会产生过度拟合，可以根据需要生成任意多的树，具有很好的灵活性和实用性。

4.3　基于贝叶斯定理的分类方法

贝叶斯分类是基于贝叶斯定理的一种统计学分类方法，它可以给定样本属于某一特定类的概率，从而预测成员关系的可能性。

贝叶斯定理以 18 世纪概率论研究者 Thomas Bayes 的名字命名。假设 X 是数据样本且包含 n 个属性，H 为某种假设，在分类问题中，通常求解数据样本 X 属于某个特定类 C 的可能性。给定 X 的属性描述能够找出样本 X 属于类 C 的概率，即假设 H 成立的概率 $P(H \mid X)$，称为后验概率。例如，假设数据样本是顾客集，属性由年龄和职业描述，若 X 是一名年龄为 10 岁的学生，假定 H 表示顾客购买手机，则 $P(H \mid X)$ 表示顾客 X(该学生)购买手机的概率。在这里，$P(H)$ 表示不考虑顾客信息时，将购买手机的概率，是先验概率。

同样，$P(X \mid H)$ 表示已知顾客 X 购买手机，而这个顾客是 10 岁学生的概率。$P(X)$ 是 X 的先验概率，表示 X 在顾客集合中是学生且年龄为 10 岁的概率。

$P(X)$、$P(H)$ 和 $P(X \mid H)$ 可以由给定的数据估计得到。对于后验概率 $P(H \mid X)$，贝叶斯定理给出了一种通过 $P(X)$、$P(H)$ 和 $P(X \mid H)$ 计算的方法，公式如下

$$P(H \mid X) = \frac{P(X \mid H)P(H)}{P(X)} \tag{4-3-1}$$

而贝叶斯分类方法是基于贝叶斯定理的一种统计学分类方法，可以用来预测隶属某类的概率。在大型数据库的应用中，贝叶斯分类法已表现出相对较高的准确率和效率。

4.3.1　朴素贝叶斯分类器

朴素贝叶斯分类法是一种简单的贝叶斯分类法，它假定一个属性值在给定类上的影响独立于其他属性的值(称为类条件独立性)，从而可简化计算，因此称为"朴素的"。朴素贝叶斯分类法具有良好的分类效果，在许多系统中有广泛应用。

朴素贝叶斯(Naïve Bayesian)分类法的核心思想如下[2]。

(1)每个样本数据用 n 维向量 $X = \{x_1, x_2, \cdots, x_n\}$ 表示，其中 x_i 为 X 的特征属性。

(2)具有 m 个类标记的类别集合 $C = \{C_1, C_2, \cdots, C_m\}$，对于给定样本 X，计算 $P(C_i \mid X)$，即 X 属于某个类别的概率。根据贝叶斯定理有 $P(C_i \mid X) = \dfrac{P(X \mid C_i)P(C_i)}{P(X)}$，分母对应于

所有类别的计算，其为一常数，因此分子最大化即可。朴素贝叶斯定理作了类条件独立的朴素假定，认为给定样本的类标记属性值之间有条件地相互独立，即

$$P(X \mid C_i) = \prod_{k=1}^{n} P(x_k \mid C_i) = P(x_1 \mid C_i)P(x_2 \mid C_i) \cdots P(x_n \mid C_i) \qquad (4\text{-}3\text{-}2)$$

因此，X 属于某个类别的概率为

$$P(C_i \mid X) = P(x_1 \mid C_i)P(x_2 \mid C_i) \cdots P(x_n \mid C_i)P(C_i)$$

计算 $P(X \mid C_i)$ 需考虑如下情况。

① 当特征值是分类属性时，则 $P(x_k \mid C_i)$ 是 D 中属性 A_k 的值为 x_k 的 C_i 类的样本数除以 D 中 C_i 类的样本数 $|C_{i,\ D}|$。

② 当特征值是连续值时，则假定连续值属性服从均值为 μ、标准差为 σ 的高斯分布

$$g(x, \mu, \sigma) = \frac{1}{\sqrt{2\pi}\sigma} \mathrm{e}^{-\frac{(x-\mu)^2}{2\sigma^2}} \qquad (4\text{-}3\text{-}3)$$

因此

$$P(x_k \mid C_i) = g(x_k, \mu_{C_i}, \sigma_{C_i}) \qquad (4\text{-}3\text{-}4)$$

其中，μ_{C_i} 和 σ_{C_i} 分别是 C_i 类训练元组属性 A_k 的平均值和标准差。

③ 若 $P(C_i \mid X) = \max\{P(C_1 \mid X), P(C_2 \mid X), \cdots, P(C_m \mid X)\}$，则数据样本 X 属于 C_i 类。

贝叶斯分类器的整体过程包括数据准备、分类器训练以及分类器分类三个阶段。

(1)数据准备阶段。该阶段主要根据具体问题确定数据属性，并对一部分数据进行类别标定，形成朴素贝叶斯分类器的训练样本集合。

(2)分类器训练。计算训练样本中每个类别出现的频次以及每个特征属性划分对每个类别的条件概率估计。输入是训练样本，输出是分类器。

(3)分类器分类。输入是待分类项，输出是其所对应的类别。

朴素贝叶斯分类器基于贝叶斯定理，有理论基础，同时逻辑清晰，易于实现；在实际分类应用过程中，计算的时间和空间复杂性都很低，具有较强的鲁棒性。但是朴素贝叶斯方法假设样本的各属性之间具有独立性，而真实数据符合该条件的很少，同时分类器性能依赖于数据样本量，若样本较少，则分类器性能无法保证。

4.3.2 贝叶斯信念网络

朴素贝叶斯分类法假定属性之间条件独立，当该假定成立时，与其他所有分类法相比，朴素贝叶斯分类法是最准确的。但现实中各个属性间往往并不条件独立，而是具有一定的相关性，这就极大地限制了朴素贝叶斯分类器的应用。贝叶斯信念网络是基于贝叶斯分类的一种更高级、应用更广泛的分类算法。贝叶斯信念网络也称作信念网络或贝叶斯网络[2]。

一个贝叶斯信念网络 $B = <G, W>$ 由一个有向无环图 G 和一个条件概率表 W 集合构成。有向无环图中每一个顶点表示一个随机变量 $X = \{x_1, x_2, \cdots, x_n\}$，该变量可以是直接观测变量，也可以是隐藏变量。顶点之间的有向边表示随机变量间的条件依赖关系。条件概率表示每一个元素对应有向无环图中唯一的节点，存储了此节点对于它的所有直接

前驱节点的联合概率。

贝叶斯网络的重要性质是，每一个节点在其直接前驱节点的值确定后，这个节点条件独立于其所有非直接前驱前辈节点。节点 Y 到节点 X 之间若存在一条弧，则称 Y 是 X 的父亲，X 是 Y 的子孙，用 Parents(X) 代表 X 的双亲。在给定其双亲的情况下，每个变量有条件地独立于图中它的非后代。

W 是所有变量对应的条件概率表（CPT），对于每个 x_i 都存在一个 CPT 项 $w_{x_i} = P(x_i \mid \text{Parents}(x_i))$，即在 Parents($x_i$) 发生的情况下 x_i 发生的概率。贝叶斯信念网络的联合条件概率的完全表示为

$$P(x_1, \cdots, x_n) = P(x_1)P(x_2 \mid x_1) \cdots P(x_n \mid x_1, x_2, \cdots, x_{n-1}) \tag{4-3-5}$$

可简化为

$$P(x_1, \cdots, x_n) = \prod_{i=1}^{n} P(x_i \mid \text{Parents}(x_i)) \tag{4-3-6}$$

其中，$P(x_1, \cdots, x_n)$ 是 X 的值的特定组合的概率；Parents 表示 X_i 的直接前驱节点的联合，在概率表中可以查到相应的概率值。

在构造与训练贝叶斯网络之前，需要把实际问题的事件抽象为节点，并且明确因果关系，建立连线，确定随机变量的拓扑关系，构造有向无环图。若要建立一个好的拓扑结构，通常需要不断改进完成。拓扑关系确定后，可以训练贝叶斯网络。贝叶斯网络训练的过程就是通过历史数据输出条件概率表。若随机变量值可以直接观察到，则可以用类似朴素贝叶斯分类的方法，若贝叶斯网络中包含隐藏节点，则通常需要梯度下降等较复杂的训练方法。

假定 D 是数据样本 $X_1, X_2, \cdots, X_{|D|}$ 的训练集合，设 w_{ijk} 是具有双亲 $U_i = u_{ik}$ 的变量 $Y = y_j$ 的 CPT 项，即 $w_{ijk} \equiv P(Y_i = y_{ij} \mid U_i = u_{ik})$。给定 W 的随机概率初始值，应用梯度下降的贪心爬山策略搜索对数据建模局部最优值。

贝叶斯网络作为一种不确定的知识表示模式，其主要优势体现在：可以图形化表示随机变量间的联合概率，利用贝叶斯定理能够处理各种不确定性信息；贝叶斯网络是有向无环图，能够直观清晰地显示变量的因果关系；更重要的是贝叶斯网络以贝叶斯理论为基础，具有非常坚实的数学基础。

4.4　多层前馈神经网络分类器

神经网络（Artificial Neural Network, ANN）最早由心理学家、神经学家、数学家共同提出，旨在寻求用于开发和测试神经元的数学模型。

用一组连接的输入、输出单元表示，其中每个连接都与一个权重相关联。在学习阶段，通过更新这些权重预测输入元组的正确类标记。神经网络学习过程的本质是对网络中权重的动态调整过程。神经网络可以对未经训练的数据进行分类，在属性与类之间的联系信息不足时仍可以使用，对噪声数据具有较强的承受能力。同时，神经网络算法可以使用并行技术来加快计算过程。这些优势都推动了神经网络在数据挖掘分类和预测方

面的应用。目前,最常用的神经网络算法是 20 世纪 80 年代提出的基于多层前馈神经网络的后向传播算法。

4.4.1 基本概念

多层前馈神经网络包括一个输入层、一个或多个隐藏层和一个输出层[2]。每层由一些单元组成,每层内的神经元不连接,每层之间神经元全部互连接。后向传播 (Back Propagation,BP)算法是在多层前馈神经网络的基础上,通过一个使代价函数最小化的过程迭代地学习该网络的权值,得到的权值可用于样本类标记预测。图 4-2 是一个三层前馈网络的例子。

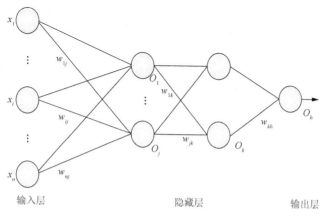

图 4-2 三层前馈神经网络

每个训练样本的属性作为网络的输入提供给输入层,然后通过输入层加权后输出作为隐藏层的输入。若包含多个隐藏层,则前一隐藏层单元的加权输出可以输入到下一个隐藏层,以此类推。最后一个隐藏层的加权输出作为构成输出层单元的输入。输出层对给定元组进行预测分类。

输入层的单元称为输入单元,隐藏层和输出层的单元称为输出单元,通常以输出层的层数来对前馈神经网络命名。图 4-2 中的多层神经网络具有两个隐藏层和一个输出层,因此称为三层神经网络。如果神经网络中的权重都不回送到输入单元或前一层的输出单元,则称网络是前馈的。如果每个单元都向下一层的每个单元提供输入,则称网络是全连接的。

每个输出单元的输入都是前一层单元输出的加权和。它将一个非线性(激励)函数作用于加权输入。多层前馈神经网络可以对以类预测作为输入的非线性组合进行数据建模。从理论上讲,只要有足够多的隐藏单元和足够的训练样本,多层前馈网络可以逼近任何函数。

在训练网络之前,要先确定网络拓扑,给出输入层、输出层的单元数和隐藏层的层数及每个隐藏层的单元数。

为了加快学习过程,通常对训练元组中每个属性的测量输入值进行归一化,使得它们落入 0.01.0 离散值属性可以重新编码,使每个域值为一个输入单元。神经网络进行分类时，一个输出单元可以用来表示两个类，但如果多于两个类，则用一个输出单元表示一个类。

网络设计是一个训练过程，不同的网络拓扑和初始化权重都可能影响训练网络结果的准确性。如果网络经过训练，并且其准确率不能满足实际需要，可以使用不同的网络拓扑或使用不同的初始权重集，重复训练新的网络，直到最后的网络符合要求。

4.4.2　BP 算法

后向传播通过比较每个样本的网络预测与实际已知的目标值，迭代地处理训练样本数据集。在分类问题中，目标值是训练样本的已知类标记。对于每个训练样本，不断更新权重，使每个训练样本的目标值与网络预测值之间的均方误差最小化。权重的修改是"后向"进行的，即由输出层经每个隐藏层到达第一个隐藏层，因此称作后向传播。一般地，权重将最终收敛，学习过程停止。

假设 D 是由训练样本和其他关联的目标值组成的数据集，l 为学习率，network 是多层前馈网络，后向传播算法包括初始化权重、向前传播输入、向后传播误差与终止条件四个基本步骤[2]。

1. 初始化权重

用一些较小的随机数初始化网络权重，每个单元都有一个与之关联的偏倚 b。

2. 向前传播输入

(1) 对于任一输入层单元 j，设置其输出值 v_j' 等于其输入值 v_j。

(2) 隐藏层或输出层单元的净输入用其输入的线性组合计算。由连接该单元的所有输入与其对应的权重相乘后进行求和得到。每个单元的输入是连接它的上一层各单元的输出。每个连接都有一个权重。对于给定隐藏层或输出层的单元 j 的净输入 v_j 可表示为

$$v_j = \sum_i w_{ij} v_i' + b_j \tag{4-4-1}$$

其中，w_{ij} 是由上一层的单元 i 到单元 j 的连接的权重；v_i' 是上一层的单元 i 的输出；b_j 是单元 j 的偏移量。

给定单元 j 的净输入 v_j，则单元 j 的输出 v_j' 通过激励函数（如 logistic 或 sigmoid 函数）作用于 v_j，通过下式计算

$$v_j' = \frac{1}{1+e^{-1}} \tag{4-4-2}$$

激励函数可以将一个较大的输入值域映射到较小的区间（如 0～1），该函数又称为挤压函数。logistic 函数是非线性且可微的，使得后向传播算法可以处理非线性可分的分类问题。

经过每个隐藏层直到最后一个隐藏层，计算输出值给出网络预测。实践中，通过存放每个单元的中间值，用于后续的向后传播误差中，能够有效降低该算法的计算量，提

高算法的效率。

3. 向后传播误差

通过更新权重和反映网络预测误差的偏倚向后传播误差。假设某一输出层单元 j，其实际输出为 v'_j，且给定的目标值为 T_j，则误差 ε_j 由式(4-4-3)计算

$$\varepsilon_j = v'_j(1 - v'_j)(T_j - v'_j) \tag{4-4-3}$$

其中，$v'_j(1 - v'_j)$ 是 logistic 函数的导数。若 w_{jk} 是由下一较高层中单元 k 到单元 j 的连接权重，ε_k 是单元 k 的误差，对下一层中所有连接到单元 j 的误差加权和，则 ε_j 可表示为

$$\varepsilon_j = v'_j(1 - v'_j)\sum_k \varepsilon_k w_{jk} \tag{4-4-4}$$

在已知误差和学习率的情况下，分别对权重和偏倚进行更新。

(1)权重更新

$$w_{ij} = w_{ij} + \Delta w_{ij}, \quad \Delta w_{ij} = (l)\varepsilon_j v'_i \tag{4-4-5}$$

其中，Δw_{ij} 是权 w_{ij} 的改变。

(2)偏倚由以下更新得到

$$b_j = b_j + \Delta b_j, \quad \Delta b_j = (l)\varepsilon_j \tag{4-4-6}$$

其中，Δb_j 是偏倚 b_j 的改变。

合理设置学习率可以避免陷入决策空间的局部极小(权重收敛但不是最优解)，并有助于找到全局最小值，通常取 0~1 的常数值。学习率太小会降低学习速度，相反，则可能在不适当的解之间摆动。通常将学习率设置为当前训练集迭代次数 t 的倒数，即 $1/t$。

权重和偏倚的更新一般有两种策略：实例更新和周期更新。实例更新是每处理一个元组就更新权重和偏倚。而周期更新则是将权重和偏倚的增量累积到变量中，在处理完所有元组(扫描一次训练集是一个周期)再更新权重和偏倚。在实际训练中，实例更新比周期更新更为常见，产生的结果也更准确。

4. 终止条件

在训练过程中，如果前一周期更新的全部权重或其误分类的元组百分比小于某个阈值或者超过预先指定的周期数，则终止训练过程。具体终止条件如下。

(1)前一周期所有的权重更新 Δw_{ij} 都小于某个指定的阈值。

(2)前一周期误分类的元组百分比小于某个阈值。

(3)超过预先指定的周期数。

计算效率依赖于训练网络所用的时间，而实践中网络收敛所需要的时间是非常不确定的。对于给定的 $|D|$ 个元组和 w 个权重，则每个周期需要 $O(|D| \times w)$ 时间。在最坏情况下，周期数可能是输入数 n 的指数。

人工神经网络分类器是由大量的人工模拟神经元构成的，每个神经元的功能和结构非常简洁，系统的功能主要依赖于各个神经元之间的相互作用。神经网络对现实生活中的非线性问题具有较强的解决能力。它还具有自组织、自适应和自学习的能力。人工神

经网络也存在一些缺点：神经网络的学习算法不够稳定，若输入的数据样本以及参数等发生细小变化，结果可能会存在很大差异，神经网络本身是一个"黑箱"，确定了网络输入/输出和结构之后，计算过程难于理解。同时神经网络只能处理数值型数据。

4.5 支持向量机分类器

支持向量机[6,8,9](Support Vector Machine，SVM)是基于统计学习理论，采用结构化风险准则的一种较强健的机器学习算法。通常有线性分类与非线性分类，支持向量机利用原空间的核函数取代高维特征空间中的内积运算，有效避免了"维数灾难"，提高了模型的泛化能力。

SVM 通过控制超平面的间隔度量来抑制函数的过拟合，并利用核函数巧妙地解决了维数问题。同时，结构风险最小化(Structural Risk Minimization，SRM)准则的使用，使 SVM 具有良好的推广能力。目前，SVM 主要应用于分类和回归问题[2,3,10]。

4.5.1 支持向量与超平面

假设 $D = \{x_i, y_i\}_{i=1}^n$ 是一个 n 维空间里的分类数据集，共 m 个点。同时假定这个数据集只有两个类标记 $y_i \in \{+1, -1\}$，记为正类和负类。

1. 超平面

超平面是 n 维空间中所有点 $x \in R^n$ 且满足等式 $h(x) = 0$ 的集合，其中 $h(x)$ 就是超平面函数[8,9]，定义如下

$$h(x) = w^{\mathrm{T}} x + b = w_1 x_1 + w_2 x_2 + \cdots + w_n x_n + b \tag{4-5-1}$$

其中，w 是 n 维权重向量；b 是偏倚(Bias)。对于所有超平面上的点，满足

$$h(x) = w^{\mathrm{T}} x + b = 0 \tag{4-5-2}$$

因此，超平面也可定义为满足 $w^{\mathrm{T}} x = -b$ 的所有点的集合。假设 $w_1 \neq 0$，且 $x_i = 0 \ (i > 1)$，可由式(4-5-2)得到超平面与第一坐标轴相交时的位移

$$w_1 x_1 = -b \quad 或 \quad x_1 = \frac{-b}{w_1} \tag{4-5-3}$$

也就是说，点 $\left(\dfrac{-b}{w_1}, 0, \cdots, 0\right)$ 在超平面上。同样，可以得到超平面与其他坐标轴相交的位移 $\dfrac{-b}{w_i}(i > 1, w_i \neq 0)$。

超平面将原 n 维空间分为两个半空间。如果一个数据集 A 落在每一个半空间里的点都有相同的类标记(来自同一个类)，则称 A 线性可分。如果输入数据集是线性可分的，则可以找到一个分离超平面 $h(x) = 0$，所有类标记为-1(即 $y_i = -1$)的点有 $h(x_i) < 0$，而所有类标记为+1(即 $y_i = +1$)的点有 $h(x_i) > 0$。事实上，超平面函数 $h(x)$ 相当于一个线性分类器或线性判别式，它可通过以下判定规则来预测给定 x 的类标记 y

$$y = \begin{cases} +1, & h(x) > 0 \\ -1, & h(x) < 0 \end{cases} \tag{4-5-4}$$

假设 x_1 和 x_2 是超平面上的任意两个点，由式 (4-5-4) 可得

$$h(x_1) = w^{\mathrm{T}} x_1 + b$$
$$h(x_2) = w^{\mathrm{T}} x_2 + b \tag{4-5-5}$$

两式相减，可得 $w^{\mathrm{T}}(x_1 - x_2) = 0$ 。

这意味着权重向量 w 垂直于超平面，因为 w 与超平面上的任意向量 $x_1 - x_2$ 正交。也就是说，权重向量 w 确定了超平面的法线方向，确定了超平面的方向，而偏倚 b 确定了超平面在 n 维空间上的位移。由于 w 与 $-w$ 都是超平面的法向量，为了消除这种歧义，规定当 $y_i = +1$ 时 $h(x_i) > 0$ ，而当 $y_i = -1$ 时 $h(x_i) < 0$ 。

2. 点到超平面的距离

假设点 $x \in R^n$ 不在超平面上，x_p 是 x 在超平面上的正交投影，令 $r = x - x_p$ ，可写为

$$x = x_p + r = x_p + r \frac{w}{\|w\|} \tag{4-5-6}$$

其中，r 是点 x 到 x_p 的有向距离，是以单位权向量 $\dfrac{w}{\|w\|}$ 的形式来表示 x 到 x_p 的相位差。如果 r 与 w 方向相同，则相位差 r 是正的，否则 r 是负的。

将式 (4-5-6) 代入超平面函数式 (4-5-1) 可得

$$\begin{aligned} h(x) = h\left(x_p + r \frac{w}{\|w\|} \right) &= w^{\mathrm{T}} \left(x_p + r \frac{w}{\|w\|} \right) + b \\ &= \underbrace{w^{\mathrm{T}} x_p + b}_{h(x_p)} + r \frac{w^{\mathrm{T}} w}{\|w\|} \\ &= \underbrace{h(x_p)}_{0} + r \|w\| \\ &= r \|w\| \end{aligned} \tag{4-5-7}$$

其中，由于 x_p 位于超平面上，所以 $h(x_p) = 0$ 。应用上面的结果可得到点到超平面的有向距离表达式

$$r = \frac{h(x)}{\|w\|}$$

由于距离必须是非负的，为了得到距离，可以用类标记 y 与 r 相乘，当 $h(x) < 0$ 时类标记 y 为 -1，当 $h(x) > 0$ 时 y 为 $+1$。因此，点 x 到超平面 $h(x) = 0$ 的距离可表示为

$$\delta = yr = \frac{yh(x)}{\|w\|} \tag{4-5-8}$$

特别地，x 为原点，即 $x = 0$ 时，有向距离

$$r = \frac{h(0)}{\|w\|} = \frac{w^{\mathrm{T}} 0 + b}{\|w\|} = \frac{b}{\|w\|}$$

3. 边界与超平面支持向量

给定一个用类标记 $y_i \in \{+1, -1\}$ 标记过的训练集 $D = \{(x_i, y_i)\}_{i=1}^n$ 和一个分离超平面 $h(x) = 0$，对于每一个点 x_i 到超平面的距离由式 (4-5-8) 可得

$$\delta_i = \frac{y_i h(x_i)}{\|w\|} = \frac{y_i(w^{\mathrm{T}} x_i + b)}{\|w\|} \tag{4-5-9}$$

对所有 n 个点来说，定义点到分离超平面的最小距离为线性分类器的边界，表达式如下

$$\delta^* = \min_{x_i} \left\{ \frac{y_i(w^{\mathrm{T}} x_i + b)}{\|w\|} \right\} \tag{4-5-10}$$

注意：$\delta^* \neq 0$，因为 $h(x)$ 是分离超平面，必须满足式 (4-5-4)。

取得最小距离的所有点 (或向量) 称为分离超平面支持向量。换句话说，一个支持向量 x^* 是正好落在分类器边界上的一个点，因此满足条件

$$\delta^* = \frac{y^*(w^{\mathrm{T}} x^* + b)}{\|w\|} \tag{4-5-11}$$

其中，y^* 是点 (或向量) x^* 的类标记，分子 $y^*(w^{\mathrm{T}} x^* + b)$ 是支持向量到超平面的绝对距离，而分母 $\|w\|$ 是 w 的相对距离。

4. 标准超平面

对于超平面等式 (4-5-2)，两边同时乘以标量 s 可得到一个等价超平面

$$s\, h(x) = s w^{\mathrm{T}} x + s b = (s w)^{\mathrm{T}} x + s b = 0 \tag{4-5-12}$$

为了得到标准超平面，选择与支持向量到超平面的绝对距离乘积为 1 的 s 的值，即

$$s y^*(w^{\mathrm{T}} x^* + b) = 1 \tag{4-5-13}$$

这意味着

$$s = \frac{1}{y^*(w^{\mathrm{T}} x^* + b)} = \frac{1}{y^* h(x^*)} \tag{4-5-14}$$

自此，可认为分离超平面是标准的。也就是说，对一个支持向量 x^* 经过一些适当的调整可满足 $y^* h(x^*) = 1$，则边界可表达为

$$\delta^* = \frac{y^* h(x^*)}{\|w\|} = \frac{1}{\|w\|} \tag{4-5-15}$$

对于标准超平面，任意支持向量 x^* (类标记 y_i^*)，有 $y_i^* h(x_i^*) = 1$，且对于不是支持向量的点有 $y_i^* h(x_i^*) > 1$。由定义可知，不是支持向量的点到超平面的距离要大于支持向量到超平面的距离。由数据集 D 中的 n 个点可得到如下不等式

$$y_i(w^{\mathrm{T}} x_i + b) \geqslant 1, \quad \forall x_i \in D \tag{4-5-16}$$

4.5.2　线性可分支持向量机

给定一个数据集 $D = \{x_i, y_i\}_{i=1}^m$，$x_i \in R^d$ 且 $y_i \in \{+1, -1\}$，假设数据集上的所有点线性

可分，意味着存在一个分离超平面能够对所有点进行正确分类。换句话说，类标记为 $y_i = +1$ 的所有点落在超平面的一侧（$h(x) > 0$），而类标记为 $y_i = -1$ 的所有点落在超平面的另一侧（$h(x) < 0$）。这是线性可分的情况，但实际上这样的分离超平面有无限多个，从中选取最优的超平面[8]。

1. 最优超平面

支持向量机的基本思想是选择一个标准超平面，即由权向量 w 和偏倚 b 确定的所有可能分离超平面中边界最大的超平面。如果 δ_h^* 表示超平面 $h(x) = 0$ 的边界，那么目标就是找到最优超平面 h^*

$$h^* = \arg\max_h \{\delta_h^*\} = \arg\max_h \left\{\frac{1}{\|w\|}\right\} \tag{4-5-17}$$

SVM 的任务就是找到边界值 $\dfrac{1}{\|w\|}$ 最大的超平面，并满足 m 个约束条件，即 $y_i(w^{\mathrm{T}}x_i + b) \geqslant 1$, $x_i \in D$。可以用求 $\|w\|$ 的最小值来代替求边界 $\dfrac{1}{\|w\|}$ 的最大值，等价的最小化方程如下：

目标函数
$$\min_{w,b} \left\{\frac{\|w\|^2}{2}\right\} \tag{4-5-18}$$

线性约束
$$y_i(w^{\mathrm{T}}x_i + b) \geqslant 1, \quad \forall x_i \in D \tag{4-5-19}$$

可以用标准的优化算法直接求上面的带 n 个线性约束的原始凸最小化问题。一种更普通的方法是通过使用拉格朗日乘子来解决二元问题。主要思想是在每个约束条件中引入一个拉格朗日乘子 α_i，最优解满足 KKT 条件

$$\alpha_i \left[y_i(w^{\mathrm{T}}x_i + b) - 1\right] = 0, \quad \alpha_i \geqslant 0 \tag{4-5-20}$$

合并 n 个线性约束，得到新的目标函数称为拉格朗日函数，那么

$$\min \ L = \frac{1}{2}\|w\| - \sum_{i=1}^{n} \alpha_i \left[y_i(w^{\mathrm{T}}x_i + b) - 1\right] \tag{4-5-21}$$

的最小化依赖于 w 和 b 的最小化，同时依赖于 α_i 的最大化。

对 L 求 w 和 b 上的导数，并令导数为 0，得到

$$\frac{\partial}{\partial w} L = w - \sum_{i=1}^{n} \alpha_i y_i x_i = 0, \quad w = \sum_{i=1}^{n} \alpha_i y_i x_i \tag{4-5-22}$$

$$\frac{\partial}{\partial b} L = \sum_{i=1}^{n} \alpha_i y_i = 0 \tag{4-5-23}$$

上述等式给了关于权向量 w 很直观重要的信息。特别是式 (4-5-22) 意味着 w 可以表示成以带符号的拉格朗日乘子 $\alpha_i y_i$ 为系数的所有点 x_i 的一个线性组合。进一步，式 (4-5-23) 意味着所有带符号的拉格朗日乘子 $\alpha_i y_i$ 的总和必须为 0。

将上述两式代入式 (4-5-21) 中，得到二元拉格朗日目标函数，并完全用拉格朗日乘子的形式表示为

$$L_{\text{dual}} = \frac{1}{2} w^{\text{T}} w - w^{\text{T}} \underbrace{(\sum_{i=1}^{n} \alpha_i y_i x_i)}_{w} - b \underbrace{\sum_{i=1}^{n} \alpha_i y_i}_{0} + \sum_{i=1}^{n} \alpha_i$$

$$= -\frac{1}{2} w^{\text{T}} w + \sum_{i=1}^{n} \alpha_i \tag{4-5-24}$$

$$= \sum_{i=1}^{n} \alpha_i - \frac{1}{2} \sum_{i=1}^{n} \sum_{j=1}^{n} \alpha_i \alpha_j y_i y_j x_i^{\text{T}} x_j$$

从而，二元目标可表示如下：

目标函数
$$\max_{\alpha} L_{\text{dual}} = \sum_{i=1}^{n} \alpha_i - \frac{1}{2} \sum_{i=1}^{n} \sum_{j=1}^{n} \alpha_i \alpha_j y_i y_j x_i^{\text{T}} x_j \tag{4-5-25}$$

线性约束
$$\alpha_i \geqslant 0, \quad \forall i \in D, \quad \sum_{i=1}^{n} \alpha_i y_i = 0 \tag{4-5-26}$$

其中，$\alpha = (\alpha_1, \alpha_2, \cdots, \alpha_n)^{\text{T}}$ 是由拉格朗日乘子组成的向量；L_{dual} 是一个以 $\alpha_i \alpha_j$ 的形式表示的凸二次规划问题，此类问题用标准的优化技术就可以解决。

一旦确定了 $\alpha_i (i = 1, \cdots, n)$ 的值，就可以得到权向量 w 与偏倚 b 的值。根据 KKT 条件，有

$$\alpha_i [y_i (w^{\text{T}} x_i + b) - 1] = 0 \tag{4-5-27}$$

存在两种情况

$$\alpha_i = 0 \tag{4-5-28}$$

$$y_i (w^{\text{T}} x_i + b) - 1 = 0, \quad \text{即 } y_i (w^{\text{T}} x_i + b) = 1 \tag{4-5-29}$$

这个结果很重要，如果 $\alpha_i > 0$，那么 $y_i (w^{\text{T}} x_i + b) = 1$，因此，点 x_i 一定是支持向量。另外，如果 $y_i (w^{\text{T}} x_i + b) > 1$，那么应有 $\alpha_i = 0$，也就是说，如果一个点不是支持向量，那么 $\alpha_i = 0$。

知道了所有点的 α_i 值，就可以根据式(4-5-17)来计算权向量 w，用以支持向量和的形式表示

$$w = \sum_{i, \alpha_i > 0} \alpha_i y_i x_i \tag{4-5-30}$$

也就是说，得到的 w 是以 $\alpha_i y_i$ 为权值的支持向量的一个线性组合。其余对应 $\alpha_i = 0$ 的点不是支持向量，因此不参与 w 的计算。

为了得到偏倚 b，首先计算每个支持向量的一个偏倚 b_i，按照以下公式求解

$$\alpha_i [y_i (w^{\text{T}} x_i + b) - 1] = 0 \tag{4-5-31}$$

$$y_i (w^{\text{T}} x_i + b) > 1 \tag{4-5-32}$$

$$b_i = \frac{1}{y_i} - w^{\text{T}} x_i = y_i - w^{\text{T}} x_i \tag{4-5-33}$$

然后取所有支持向量偏差的平均值 b

$$b = \text{avg}_{\alpha_i > 0} \{b_i\} \tag{4-5-34}$$

2. 支持向量机分类器

给定最优超平面函数 $h(x) = w^{\mathrm{T}}x + b$，对任一新的点 z，预测它的类

$$\hat{y} = \mathrm{sign}(h(z)) = \mathrm{sign}(w^{\mathrm{T}}z + b) \qquad (4\text{-}5\text{-}35)$$

其中，函数 sign() 如果自变量为正，则（函数的返回值）$\hat{y}$ 为 +1，如果自变量为负，则（函数的返回值）$\hat{y}$ 为 -1。

4.5.3　线性不可分支持向量机

到目前为止，都是假设数据集是完全线性可分的。但是，在实际情况下很少有完全线性可分的情况。如果所有的数据点都是线性可分的，那么一定可以找到一个相应的分离超平面，使得所有的数据点满足

$$y_i(w^{\mathrm{T}}x_i + b) \geqslant 1 \qquad (4\text{-}5\text{-}36)$$

对于不可分的数据点，支持向量机算法通过引入松弛变量 ξ_i 加以改进，即

$$y_i(w^{\mathrm{T}}x_i + b) \geqslant 1 - \xi_i \qquad (4\text{-}5\text{-}37)$$

其中，ξ_i 表示数据点 x_i 的松弛变量。

统计数据集中不符合可分条件的数据点，即这些点与超平面的距离超过边界值 $1/\|w\|$。根据松弛值可将数据点划分为三种类型。如果 $\xi_i = 0$，则说明相应的数据点 x_i 与超平面的距离超过 $1/\|w\|$。如果 $0 < \xi_i < 1$，则说明数据点位于边界以内，即该数据点仍然能够正常分类，并位于超平面正确的一侧。如果 $\xi_i > 1$，则该点不能正常分类，并出现在超平面错误的位置。

对于线性不可分的情况，即软边界超平面，SVM 分类器在保证最大边界的同时确保松弛值最小。于是，新的目标函数被定义如下：

目标函数
$$\min_{w,b,\xi_i}\left\{\frac{\|w\|^2}{2} + C\sum_{i=1}^{n}(\xi_i)^k\right\} \qquad (4\text{-}5\text{-}38)$$

线性约束
$$y_i(w^{\mathrm{T}}x_i + b) \geqslant 1 - \xi_i, \quad \forall x_i \in D, \quad \xi_i > 0, \quad \forall x_i \in D$$

其中，C 和 k 是常量；$\sum_{i=1}^{n}(\xi_i)^k$ 表示可分情况下的损失函数，即偏差估计系数。例如，如果 C 趋向于 0，则损失函数为 0，如果 C 趋向于无穷大，则目标函数旨在求取损失函数的最小值。一般情况下，k 被设置为 1 或 2。当 $k=1$ 时，即铰链损失函数旨在求取松弛变量和的最小值。当 $k=2$ 时，即二次损失函数旨在获取松弛变量平方和的最小值。

1. 铰链损失函数

假设 $k=1$，依据 KKT 算法修正拉格朗日乘子 α_i 与 β_i 获取式(4-5-38)的拉格朗日最优解

$$\begin{aligned}\alpha_i(y_i(w^{\mathrm{T}}x_i + b) - 1 + \xi_i) = 0, &\quad \alpha_i \geqslant 0\\ \beta_i(\xi_i - 0) = 0, &\quad \beta_i \geqslant 0\end{aligned} \qquad (4\text{-}5\text{-}39)$$

那么相应的拉格朗日函数定义为

$$L = \frac{\|w\|^2}{2} + C\sum_{i=1}^{n} \xi_i^{\ k} - \alpha_i[y_i(w^{\mathrm{T}}x_i + b) - 1 + \xi_i] - \sum_{i=1}^{n} \beta_i \xi_i \qquad (4\text{-}5\text{-}40)$$

对 L 求 w、b、ξ_i 上的偏导数并设为 0，将其转化为二元拉格朗日函数

$$\frac{\partial}{\partial w}L = w - \sum_{i=1}^{n} \alpha_i y_i x_i = 0 \quad \text{或} \quad w = \sum_{i=1}^{n} \alpha_i y_i x_i$$

$$\frac{\partial}{\partial b}L = \sum_{i=1}^{n} \alpha_i y_i = 0 \qquad (4\text{-}5\text{-}41)$$

$$\frac{\partial}{\partial \xi_i}L = C - \alpha_i - \beta_i = 0 \quad \text{或} \quad \beta_i = C - \alpha_i$$

将式(4-5-41)代入式(4-5-40)可以得到

$$L_{\mathrm{dual}} = \frac{1}{2}w^{\mathrm{T}}w - w^{\mathrm{T}}\underbrace{(\sum_{i=1}^{n} \alpha_i y_i x_i)}_{w} - b\underbrace{\sum_{i=1}^{n} \alpha_i y_i}_{0} + \sum_{i=1}^{n} \alpha_i + \sum_{i=1}^{n} \underbrace{(C - \alpha_i - \beta_i)}_{0}\xi_i$$

$$\qquad (4\text{-}5\text{-}42)$$

$$= \sum_{i=1}^{n} \alpha_i - \frac{1}{2}\sum_{i=1}^{n}\sum_{j=1}^{n} \alpha_i \alpha_j y_i y_j x_i^{\mathrm{T}}x_j$$

相应的二元目标函数如下：

目标函数 $\quad\displaystyle\max_{\alpha} L_{\mathrm{dual}} = \sum_{i=1}^{n} \alpha_i - \frac{1}{2}\sum_{i=1}^{n}\sum_{j=1}^{n} \alpha_i \alpha_j y_i y_j x_i^{\mathrm{T}}x_j$

$$\qquad (4\text{-}5\text{-}43)$$

线性约束 $\quad 0 \leqslant \alpha_i \leqslant C, \quad \forall i \in D, \quad \sum_{i=1}^{n} \alpha_i y_i = 0$

此时，获取的目标函数与线性可分情况下的二元拉格朗日函数(式(4-5-25))等价。但是，对于 α_i 的约束条件是不尽相同的。此时，要求 $\alpha_i + \beta_i = C$ 且 $\alpha_i \geqslant 0$，$\beta_i \geqslant 0$，这表示 $0 \leqslant \alpha_i \leqslant C$。

一旦确定了变量 α_i 和 β_i，正如前面描述的，当 $\alpha_i = 0$ 时，表示点是不支持向量；当 $\alpha_i > 0$ 时，表示是支持向量，对于任一数据点 x_i 满足

$$y_i(w^{\mathrm{T}}x_i + b) = 1 - \xi_i \qquad (4\text{-}5\text{-}44)$$

此时，支持向量包含边界上的所有数据点，即相应的松弛值为 0 的点($\xi_i = 0$)与松弛值为正($\xi_i > 0$)的数据点。

根据前面的算法可以得到相应的权向量

$$w = \sum_{i,\alpha_i > 0} \alpha_i y_i x_i \qquad (4\text{-}5\text{-}45)$$

通过式(4-5-41)获取相应的变量 β_i，$\beta_i = C - \alpha_i$。并用 KKT 条件替换式(4-5-39)中的变量 β_i，可得

$$(C - \alpha_i)\xi_i = 0 \qquad (4\text{-}5\text{-}46)$$

因此，对于 $\alpha_i > 0$ 的支持向量，可以考虑以下两种情况。

(1)当 $\xi_i > 0$ 时，即 $C - \alpha_i = 0$，也就是 $\alpha_i = C$。

(2)当 $C - \alpha_i > 0$ 时，可得 $\xi_i = 0$。换而言之，这些支持向量都在边界上。

利用边界上的支持向量，即满足 $0 < \alpha_i < C$ 且 $\xi_i = 0$ 的数据点，可求得 β_i

$$\alpha_i[y_i(w^{\mathrm{T}}x_i + b) - 1] = 0$$

$$y_i(w^{\mathrm{T}}x_i + b) - 1 = 0 \tag{4-5-47}$$

$$b_i = \frac{1}{y_i} - w^{\mathrm{T}}x_i = y_i - w^{\mathrm{T}}x_i$$

为了获取最后的偏倚值 b，利用式(4-5-45)与式(4-5-47)，对于每个数据点在不确定松弛值 ξ_i 的情况下，计算权向量 w 与偏倚 b。

一旦优化超平面确定，依据如下公式，对于新输入数据点 z，运用相应的支持向量机模型预测分类

$$\hat{y} = \mathrm{sign}[h(z)] = \mathrm{sign}(w^{\mathrm{T}}z + b) \tag{4-5-48}$$

2. 二次损失函数

对于二次损失函数，设置目标函数的变量 $k=2$。在这种情况下，松弛值的和 $\sum_{i=1}^{n}\xi_i^2$ 恒为正值。由于 $\xi_1 = 0$ 导致初始目标函数的最小值，潜在的负松弛值也被规则化，此时可以去除约束条件 $\xi_i \geqslant 0$，无论何时 $\xi_i < 0$，但仍然满足约束条件 $y_i(w^{\mathrm{T}}x_i + b) \geqslant 1 - \xi_i$。换而言之，优化处理将负松弛变量用 0 代替。因此，SVM 的二次损失函数如下：

目标函数
$$\min_{w,b,\xi_i}\left\{\frac{\|w\|^2}{2} + C\sum_{i=1}^{n}(\xi_i)^k\right\} \tag{4-5-49}$$

线性约束
$$y_i(w^{\mathrm{T}}x_i + b) \geqslant 1 - \xi_i, \quad \forall x_i \in D$$

相应的拉格朗日函数如下

$$L = \frac{\|w\|^2}{2} + C\sum_{i=1}^{n}\xi_i^k - \alpha_i[y_i(w^{\mathrm{T}}x_i + b) - 1 + \xi_i] \tag{4-5-50}$$

对 L 关于 w、b、ξ_i 分别求导，并设为 0

$$w = \sum_{i=1}^{n}\alpha_i y_i x_i$$

$$\sum_{i=1}^{n}\alpha_i y_i = 0 \tag{4-5-51}$$

$$\xi_i = \frac{1}{2C}\alpha_i$$

将这些等式代入式(4-5-50)获取相应的目标函数

$$
\begin{aligned}
L_{\mathrm{dual}} &= \sum_{i=1}^{n}\alpha_i - \frac{1}{2}\sum_{i=1}^{n}\sum_{j=1}^{n}\alpha_i\alpha_j y_i y_j x_i^{\mathrm{T}}x_j - \frac{1}{4C}\sum_{i=1}^{n}\alpha_i^2 \\
&= \sum_{i=1}^{n}\alpha_i - \frac{1}{2}\sum_{i=1}^{n}\sum_{j=1}^{n}\alpha_i\alpha_j y_i y_j\left(x_i^{\mathrm{T}}x_j + \frac{1}{2C}\delta_{ij}\right)
\end{aligned} \tag{4-5-52}
$$

其中，δ 表示克罗内克符号函数。当 $i = j$ 时，定义 $\delta_{ij} = 1$，否则 $\delta_{ij} = 0$。相应的二元目标函数为

$$\max_{\alpha} L_{\mathrm{dual}} = \sum_{i=1}^{n}\alpha_i - \frac{1}{2}\sum_{i=1}^{n}\sum_{j=1}^{n}\alpha_i\alpha_j y_i y_j\left(x_i^{\mathrm{T}}x_j + \frac{1}{2C}\delta_{ij}\right) \tag{4-5-53}$$

其中，约束条件 $\alpha_i > 0$，对于任意 $i \in D$ 有 $\sum_{i=1}^{n} \alpha_i y_i = 0$。利用优化方法获取相应的变量 α_i，权重变量与偏倚为

$$w = \sum_{i,\alpha_i > 0} \alpha_i y_i x_i$$

$$b = \operatorname{avg}_{i,C > \alpha_i} \{ y_i - w^{\mathrm{T}} x_i \}$$

(4-5-54)

4.5.4 非线性支持向量机

通过应用核方法可以将线性支持向量机应用于非线性边界的数据集。其基本思想是将输入空间上的 d 维原始数据点 x_i 经过某种非线性变换 φ 映射到高维的特征空间。经过变换后的点集 $\varphi(x_i)$，$i=1,2,3,\cdots$ 在特征空间里将可能线性可分。因此，特征空间上的一个线性分类面对应输入空间上的非线性分类面。进一步，使用核方法可以在输入空间而不需要求解数据点在特征空间中的具体形式，通过核函数进行所有运算。

为了在非线性支持向量机分类中应用核方法，首先介绍所有运算都涉及的核函数

$$K(x_i, x_j) = \varphi(x_i)^{\mathrm{T}} \varphi(x_j)$$

(4-5-55)

假设给定原始数据集 $D = \{x_i, y_i\}_{i=1}^{n}$，对每个点进行 φ 变换，可以得到特征空间上新的数据集 $D_{\varphi} = \{\varphi(x_i), y_i\}_{i=1}^{n}$。

特征空间上支持向量目标函数式(4-5-14)表示如下：

目标函数
$$\min_{w,b,\xi} \left\{ \frac{\|w\|^2}{2} + C \sum_{i=1}^{n} (\xi_i)^k \right\}$$
(4-5-56)

线性约束
$$y_i(w^{\mathrm{T}} \varphi(x_i) + b) \geqslant 1 - \xi_i, \quad \xi_i \geqslant 0, \quad \forall x_i \in D$$
(4-5-57)

其中，w、b 和 ξ_i 分别是特征空间上的权向量、偏倚和松弛变量。

由铰链损失函数，在特征空间上二元拉格朗日函数式(4-5-40)可表示为

$$\max_{\alpha} L_{\text{dual}} = \sum_{i=1}^{n} \alpha_i - \frac{1}{2} \sum_{i=1}^{n} \sum_{j=1}^{n} \alpha_i \alpha_j y_i y_j \varphi(x_i)^{\mathrm{T}} \varphi(x_j)$$

$$= \sum_{i=1}^{n} \alpha_i - \frac{1}{2} \sum_{i=1}^{n} \sum_{j=1}^{n} \alpha_i \alpha_j y_i y_j K(x_i, x_j)$$

(4-5-58)

其中，$0 < \alpha_i < C$ 且 $\sum_{i=1}^{n} \alpha_i y_i = 0$。因此，二元拉格朗日函数仅取决于特征空间上两个向量的内积 $\varphi(x_i)^{\mathrm{T}} \varphi(x_j) = K(x_i, x_j)$，可以用核矩阵 $K = \{K(x_i, x_j)\}_{i,j=1,\cdots,n}$ 计算最优解。

由二次损失函数可知，二元拉格朗日函数相当于核变换。新的核函数 K_q 定义如下

$$K_q(x_i, x_j) = x_i^{\mathrm{T}} x_j + \frac{1}{2C} \delta_{ij} = K(x_i, x_j) + \frac{1}{2C} \delta_{ij}$$

(4-5-59)

它只影响核矩阵 K 的对角线元素，如果 $i = j$，则 $\delta_{ij} = 1$，否则 $\delta_{ij} = 0$。因此，二元拉格朗日函数可表示为

$$\max_{\alpha} L_{\text{dual}} = \sum_{i=1}^{n} \alpha_i - \frac{1}{2} \sum_{i=1}^{n} \sum_{i=1}^{n} \alpha_i \alpha_j y_i y_j K_q(x_i, x_j)$$

(4-5-60)

其中，$0 < \alpha_i < C$ 且 $\sum_{i=1}^{n} \alpha_i y_i = 0$。上述优化问题可以用铰链损失的求解方式来解决，只需进行一个简单的核变换。

在特征空间上，可以按下列公式计算权向量 w

$$w = \sum_{\alpha_i > 0} \alpha_i \varphi(x_i) \tag{4-5-61}$$

由于向量 w 用 $\varphi(x_i)$ 表示，一般可以不显式计算 w。随着后面的计算会发现对点进行分类时对 w 进行显式计算是没有必要的。

下面介绍如何应用核运算计算偏倚。由式 (4-5-47) 可以计算边界上的支持向量（$0 < \alpha_i < C$ 且 $\xi_i = 0$ 的点）偏倚的平均值作为偏倚 b 的值

$$b = \text{avg}_{i,0 \leqslant \alpha_i \leqslant C} \{b_i\} = \text{avg}_{i,0 \leqslant \alpha_i \leqslant C} \{y_j - w^{\mathrm{T}} \varphi(x_i)\} \tag{4-5-62}$$

将 w 用式 (4-5-61) 替换，得到 b_i 的新表达式为

$$b_i = y_j - \sum_{\alpha_i > 0} \alpha_j y_j \varphi(x_j)^{\mathrm{T}} \varphi(x_i) = y_j - \sum_{\alpha_i > 0} \alpha_j y_j K(x_j, x_i) \tag{4-5-63}$$

因此，b_i 是特征空间上两个向量的内积方程，并可以在输入空间上通过核函数进行计算。

对新的点 z，可按照下式对其进行类别预测

$$\begin{aligned}
\hat{y} &= \text{sign}(w^{\mathrm{T}} \varphi(z) + b) = \text{sign}\left(\sum_{\alpha_i > 0} \alpha_i y_i \varphi(x_i)^{\mathrm{T}} \varphi(z) + b \right) \\
&= \text{sign}\left(\sum_{\alpha_i > 0} \alpha_i y_i K(x_i, z) + b \right)
\end{aligned} \tag{4-5-64}$$

$\hat{y}$ 同样只是在特征空间上的内积方程。基于上面的理论，可看到任何运算都可以通过核函数 $K(x_i, x_j) = \varphi(x_i)^{\mathrm{T}} \varphi(x_j)$ 的形式进行。因此，任一非线性核函数都可以作为输入空间的非线性分类器。

4.6 最近邻分类器

分类学习的任务是实现在训练样本集上构建从特征到分类的映射。给定一个样本集 U，使用输入变量 C 和输出变量 D 进行描述。最近邻规则是一种经典的学习与分类技术，于 1951 年由 Fix 和 Hodges 提出，现在已经在模式识别、基于相似性分类、数据挖掘、生物信息学和后验概率估计等领域被广泛应用。

最近邻规则的核心思想是寻找与已知样本最相近的样本，并认为待测样本与相似样本属于同一类。最近邻规则的一个最典型的推广就是 k 最近邻分类算法(简称 KNN)。这种算法是通过寻找与待测样本最相近的 k 个样本，在这 k 个样本中哪类样本最多就把待测样本归为哪类。因为 KNN 在分类时选取了更多的测试样本，所以它的错误率更低。实验证明，KNN 的错误率趋近于最优贝叶斯方法的错误率。

k 近邻分类法(k-Nearest Neighbor Classification, KNN)[2,3]是基于类比的学习，即通

过给定的测试样本和与它相似的训练元组进行比较来学习。首先将训练元组放在 n 维模式的空间中，用 n 个属性描述训练元组，每个属性代表 n 维空间中的一个点。对于每一个测试样本，找到与它最相似的 k 个点，用距离度量两点之间的相似性，如欧几里得距离。两个点或元组 $X_1 = (x_{11}, x_{12}, \cdots, x_{1n})$ 和 $X_2 = (x_{21}, x_{22}, \cdots, x_{2n})$ 的欧几里得距离是

$$\mathrm{dist}(X_1, X_2) = \sqrt{\sum_{i=1}^{n}(x_{1i} - x_{2i})^2}$$

k 最近邻分类算法将输入的未知元组数据划分到其最接近的 k 个邻居所在的类中。该算法的输入参数为未知元组数据，输出参数为 k 个最近邻居所在类的实数值标号的均值。对于特殊情况(如 $k=1$)，该算法的输出参数为最接近输入参数所在的类。

对于数值属性都可以用欧氏距离进行计算，但是，如果属性不是数值的而是分类的，则欧氏距离不能使用。对于分类属性，一种简单的方法是比较元组 X_1 和 X_2 中对应属性的值。如果二者相同，则二者之间的距离为 0，否则二者之间的距离为 1。也有一些更复杂的方法可以计算分类属性之间的距离。

对于数据有缺失值的情况，一般来说，如果元组 X_1 或 X_2 的给定属性 A 的值缺失，则假定取最大的可能差。假定每个属性已经映射到[0,1]区间。对于分类属性，如果 A 的一个或两个对应值丢失，则取差的值为 1。如果 A 是数值属性，并且在元组 X_1 和 X_2 都缺失，则差值也取 1。如果只有一个值缺失，而另一个存在并且已经规范化(记作 v')，则取差为 $|0 - v'|$ 和 $|1 - v'|$ 中的较大者(v' 或 $1-v'$)。

可以通过实验的方法确定近邻数 k 的值。通过测试估计分类器的误差率，从 $k=1$ 开始选取误差率最小的 k，依次递增 k 值，允许增加一个邻域。重复上述步骤(使得分类和预测决策可以基于存储元组较大的比例)。随着训练元组数趋向于无穷和 $k=1$，误差率不会超过贝叶斯误差率的 2 倍(后者是理论最小误差率)。如果 k 也趋向于无穷，则误差率趋向于贝叶斯误差率。

最近邻分类法的比较是基于距离的，所以每个属性的权重是相等的。噪声和不相关属性的存在会对准确率产生较大影响。然而，这种方法也在不断改进，除了使用欧几里得距离外，也可以使用曼哈顿(Manhattan)距离或其他距离度量。

4.7　分类器的评估与度量

因为不同问题的数据和特征不同，所以对于不同问题不能选择统一的标准来评价分类器，很多时候必须通过对其性能进行实验对比分析以进行指导性的选择。

4.7.1　性能评估指标

在比较不同的分类器时，通常有如下可参照的性能指标。

(1)分类准确率。模型在预测新问题时预测正确的数目与问题总数比例，在评价一个分类器好坏时，通常将准确率作为最重要的标准。只有分类正确率保证在一个标准值之上，才能说明分类器有效。

(2)计算复杂度。这项指标决定了分类器进行分类时的速度和占用的资源。数据挖掘面对的数据量是极其庞大的，如果过分重视正确率而把分类器设计得特别复杂导致计算时间过长，这样的分类器必然不具有实用性。

(3)可解释性。分类结果应与已有的知识和常识不冲突，让人更容易理解。这样才能更容易地接受分类结果。结果可解释性越好，分类结果越受欢迎。

(4)可伸缩性。指在给定内存和磁盘空间等硬件设施的情况下，运算时间随数据量的增加线性增加。

(5)稳定性。一个分类模型是稳定的，是指它的性能不随着数据的变化而剧烈变化。

(6)强壮性。分类器在面临含有噪声或空缺值的数据时仍能正确地进行分类的能力。

可以认为模型的适当性(Adequacy)就是对以上标准进行综合考虑，在面对不同类型的数据库或实际情况时，往往侧重考虑分类器的不同性能。例如，在面对少量数据但需精准划分时，分类器的准确性尤为重要。

4.7.2　分类器的准确率评估

在上述指标中，分类准确率最为直观，是评价分类模型优劣的首要指标。本节详细介绍分类准确率的常见评估方法。

分类准确率可以定义如下

$$P = \frac{\sum_{i=1}^{|D|} F(g(x_i), y_i)}{|D|} \tag{4-7-1}$$

其中，P 表示分类准确率；D 是由有限个以 (x_i, y_i) 表示的样本组成的集合，x_i 是数据样本中除 y_i 以外的属性序列，y_i 是指数据样本的类标记属性；g 表示分类器，输出结果为预测的类标记；$F(a, b)$ 是一个比较函数，输入为 a 和 b，如果 $a = b$，则输出 1，否则输出 0

$$\text{Accuracy} = \frac{\text{Number of correct predictions}}{\text{Total number of predictions}} = \frac{f_{11} + f_{00}}{f_{11} + f_{10} + f_{01} + f_{00}} \tag{4-7-2}$$

其中，f_{11} 表示 $F(a, b)$，其中 $a = b = 1$，即分类器 g 的预测结果 $a = 1$，且类标记 $b = 1$，所以预测分类结果与类标记相符，预测结果正确，同样可解释其他项。简单地，准确率就是预测结果正确的数量与所有预测结果的数量之比。

4.7.3　常见评估方法

为使分类结果更好地反映客观的数据分布特征，研究者提出了许多评估分类准确率的方法，其中典型方法有以下几种[2]。

1. 保持方法

保持方法(Hold Out，HO)是指将数据分为测试集和训练集两部分，训练集专门用于构建分类器模型，测试集在构建好分类器模型后测试分类器性能。为保证分类算法的准确性，应保证训练集中包含的样本数大于测试集中包含的样本数，一般将整个数据集的

2/3 作为训练集 X_{train} ，剩下的 1/3 作为测试集 X_{test} ，并保证这两个数据集的交集为空。通过随机选取的训练集 X_{train} 来训练分类器，使用测试集 X_{test} 对构建的分类器进行评估，并计算相应的分类准确率 P

$$P = \frac{\sum_{i=1}^{N/3} F(g(x_i), y_i)}{N/3} \tag{4-7-3}$$

其中，N 是 X 中的样本数。保持方法也存在一定的局限性：①因为要将整个数据集的一部分作为测试集，所以用于训练的样本就会减少，导致建立的模型性能不如使用被标记的样本训练得到的模型；②测试集与训练集的划分对模型的构建影响较大，如果训练集太小会导致模型方差较大，如果测试集太小会导致估计的准确率不可靠；③训练集与测试集来自同一个数据库，可能导致在一个子集中超过比例的类在另一个子集中低于比例。

2. 蒙特卡罗交叉验证

蒙特卡罗交叉验证（Monte-Carlo Cross-Validation，CV）可以看成保持方法的多次迭代，并且每次都要把数据集分开，随机抽样形成测试集和训练集。对于 CV 算法而言，每次都选取新的训练集 X_{train} 与测试集 X_{test} ，与保持方法过程类似，针对每次选取的训练集与测试集计算相应的准确率 P，最终分类算法的准确率为多次保持方法准确率的均值。

3. K-折交叉验证

K-折交叉验证（K-fold Cross-Validation）是蒙特卡罗交叉验证方法的变体，该算法将样本数据集 X 分成大致相等的 K 个子集，依次将 K 个子集作为测试集 X_{test} ，除此之外的 $K-1$ 个数据集作为训练集 X_{train} 。针对每一组训练集与测试集求取相应的分类准确率 P_k

$$P_k = \frac{\sum_{i=1}^{N/K} F(g(x_i), y_i)}{N/K} \tag{4-7-4}$$

其中，N 是 X 中的样本数。

最终分类算法的准确率为多次保持法准确率的均值。K-折交叉验证算法限制了最大的验证操作次数 K，但是可以保证每次选取的测试集之间没有交集。

4. 留一法

留一法（Leave-One-Out，LOO）是 K-折交叉验证的特殊形式，每次只将一个样本作为测试集，这样测试准确率比较可靠，但是时间复杂度较高。

5. 随机二次抽样

可以多次重复保持方法来改进对分类器性能的估计，这种方法称作随机二次抽样（Random Subsampling）。设 acc_i 是第 i 次迭代的模型准确率，则

$$acc_i = \sum_{i=1}^{k} acc_i / k$$

这种方法通过多次迭代能提高准确率的可靠性，但是也存在与保持方法类似的局限，在训练阶段使用的数据量较少。而且由于每次划分测试集和训练集都是随机的，导致有些数据可能重复进行训练或者校验。

参 考 文 献

[1] 邵峰晶. 数据挖掘原理与算法[M]. 北京: 中国水利水电出版社, 2003.

[2] Han J W, Kamber M. 数据挖掘: 概念与技术[M]. 2 版. 范明, 孟小峰, 译. 北京: 机械工业出版社, 2007.

[3] Steinbach M. 数据挖掘导论[M]. 2 版. 北京: 人民邮电出版社, 2011.

[4] David H. 数据挖掘原理[M]. 张银奎, 译. 北京: 机械工业出版社, 2003.

[5] Quinlan J R. C4.5: Programs for Machine Learning[M]. San Mateo, Calif:Morgan Kaufmann, 1993: 35-55.

[6] Cortes C, Vapnik V. Support-vector networks[J]. Machine Learning, 1995, 20(3): 273-297.

[7] Breiman L, Friendman J H, Olshen R, et al. Classfication and Regression Trees[J]. Encyclopedia of Ecology, 1984, 40(3): 582-588.

[8] Zaki M J, Meira J W. Data Mining and Analysis: Fundamental Concepts and Algorithms[M]. Cambridge: Cambridge University Press, 2014.

[9] Burges C. A tutorial on support vector machines for pattern recognition[J]. Data Mining and Knowledge Discovery, 1998, 2(2): 121-127.

[10] 张国云. 支持向量机算法及其应用研究[D]. 长沙: 湖南大学, 2006.

第5章 聚类分析

聚类分析是数据挖掘的一种重要手段和工具，其主要任务是根据数据对象的属性将其划分为不同的簇，使得相似度较高的数据对象位于同一个簇中，而不同簇之间的相异度较大，进而标识出人们感兴趣的区域。通过聚类分析可获取簇在对象空间中的分布情况，有助于发现全局分布模式与数据属性之间的关联。聚类分析已经被广泛应用于市场研究、生物信息学与图像分割等许多领域。在市场调研中，根据顾客以往的购买记录，通过聚类分析方法，将购买记录相似的顾客归为同一个顾客群。其中，每一个顾客可以视为一个数据对象，顾客群可视为一个簇。市场分析人员根据顾客群整体的购买记录刻画顾客群的特征。聚类也能用于对 Web 上的文档进行分类。在生物学中，聚类把具有相似结构的蛋白质序列聚成组，用于确定这些序列是否具有相似功能。聚类也可以用于识别图像中相似的区域，根据图像的颜色、纹理特征进行图像分割。

5.1 聚 类 概 述

聚类(Clustering)是指将具有相似特征的数据对象聚集为不同对象簇的过程，并将具有相似特征的数据对象组成的集合称为簇(Cluster)，用簇的特征代替整个数据对象集合的特征，可有效地实现数据压缩。与分类算法最大的不同在于，聚类算法在生成数据对象簇之前不需要收集并标记大量的训练元素，因此人们更倾向于聚类算法。

在统计学领域，聚类分析的研究主要集中在基于欧几里得距离的聚类分析上。在目前常用的统计分析包中，常用的聚类方法如 k 均值(k-means)算法已经加入到常用的统计分析包中，聚类分析不需要经历分类算法的训练-测试过程，可直接根据数据对象元素的特征将相似元素归为同一个簇，因此属于无监督学习。在数据挖掘领域，聚类分析的研究热点是根据大型数据库的特点，采用最恰当的聚类分析方法，使得不同的数据对象高效并准确地归到相应的簇中。目前，随着收集的数据库越来越大，聚类算法迎来了新的挑战。如何建立一个适用于高维数据的聚类算法，并且在降低输入参数敏感性的基础上保证聚类结果的有效性是当前的研究热点。与此同时，聚类算法的可伸缩性也备受人们关注。总而言之，聚类是一个富有挑战性的研究课题，其潜在应用对聚类算法提出了更高更特殊的需求[1-3]。

(1)可伸缩性。当数据库由几百个数据对象增加到数百万个数据对象时，随着数据规模的增大，一些聚类算法的效果越来越差。此时，聚类算法的可伸缩性引起人们的注意，开发的聚类算法需要在大型数据库中仍然保持较好的聚类结果，才能满足人们的需求。

(2)任意形状簇的发现能力。在现实生活中，通过聚类算法形成的簇的形状具有任意性，然而一些聚类算法，如经典的 k 均值算法对于球状簇能获得较好的聚类结果，对于其他形状的簇则不够鲁棒。因此，开发的聚类算法应具有发现任意形状簇的能力，才能满足人们的实际需求。

(3)混合数据类型的处理能力。当数据由单一的数据类型演变为混合数据类型时，有些聚类算法往往得不到良好的聚类结果。此时，需要开发出适应更多类型数据或者混合类型数据的聚类算法才能达到人们的要求。

(4)输入参数的敏感性。目前，有些聚类算法需要用户手动输入参数。根据用户输入参数不同，同一聚类算法获得的聚类结果差别很大。由于这些聚类算法对输入的参数比较敏感，得到的聚类结果通常难以满足人们的实际需求。

(5)处理异常数据的能力。在现实生活中，收集与整理对象数据库时，不可避免地会存在一些奇异点(错误的数据)，如何保证聚类算法对异常数据具有较强的处理能力是当前的一个研究热点。

(6)处理高维数据的能力。数据库或数据仓库可能包含若干属性。许多聚类算法擅长处理低维数据，而不能有效地处理高维数据。因此，在高维空间中对数据进行聚类是非常有挑战性的。

一般聚类分析的流程主要包括特征选择、聚类算法以及簇有效性验证三个步骤[1,4,5]，如图 5-1 所示。

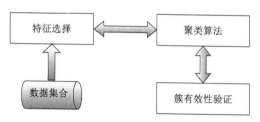

图 5-1 聚类分析流程图

(1)特征选择。对于一个数据对象，可能具有多种特征(属性)，为了获取更好的聚类结果，利用映射变换方法从中筛选出能够区分不同簇模式的有效特征。良好的特征选择方法为有效的聚类结果提供了有力保障。

(2)聚类算法。根据提取的数据对象特征(属性)，将相似度较高的数据对象归为同一个簇，使得不同簇之间的相异度较大。聚类算法的结果很大程度上取决于选择的相似性度量方法，然而，对于同一组输入的数据对象，使用不同聚类算法获得的聚类结果有可能相差很大。因此，只能具体问题具体分析，针对不同的需求、不同的应用选择最适合的聚类算法。

(3)簇有效性验证。对于相同的输入数据对象，选择的聚类算法不同，输入的参数不同，最终获取的簇也不尽相同。因此，应该制定一种客观的评价方法来评价聚类结果的优劣，进而判断簇的有效性。

本章主要介绍一些基本的聚类算法，主要包括：基于划分的聚类算法、基于层次的聚类算法、基于网格与基于密度的聚类算法。最后讨论聚类算法的有效性验证。每种聚类方法都有一些相应的比较有代表性的算法[1,3]，如图 5-2 所示。

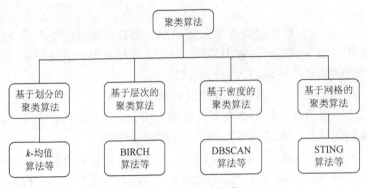

图 5-2　聚类算法分类

1. 基于划分的聚类算法

基于划分的聚类算法的核心思想是通过制定的划分准则(如距离最近),将整体数据对象划分为多个簇。一般遵循簇的个数小于数据对象个数的原则,在每个簇至少有一个数据对象的基础上,保证簇与簇之间不存在交集,也就是说,所有簇包含的数据对象个数应等于输入数据对象个数的总和。相比于其他聚类算法,划分聚类算法具有收敛速度快的优点。然而,由于划分聚类算法需要输入参数(如聚类个数),并且对输入参数十分敏感,不具备噪声处理能力,对于复杂数据对象,往往得不到良好的聚类结果,难以满足人们的需求。常用的基于划分的聚类算法为 k 均值算法[6-8]与 k 中心点算法。

2. 基于层次的聚类算法

按照数据分层的形式,层次聚类算法将数据组织为若干簇,最后形成相应的一棵以簇为节点的特征树。若按自下而上的方式进行层次聚集,即为凝聚式层次聚类。若按自上而下的方式进行层次分解,称为分裂式层次聚类。凝聚式层次聚类首先将每个样本作为一个簇,逐渐合并这些簇,形成较大的簇,直至所有的样本都在同一个簇中,或者满足某个指定的终止条件。分裂式层次聚类与之相反,此类算法首先将所有的样本置于同一个类中,然后逐渐划分为越来越小的类,直到每个样本自成一类,或者满足某个指定的终止条件。常用的层次聚类算法主要有利用层次方法的平衡迭代规约和聚类(Balanced Iterative Reducing and Clustering using Hierarchies,BIRCH)算法[9,10]、使用代表点聚类(Clustering Using Representatives,CURE)算法[11,12]、使用连接的鲁棒聚类(Robust Clustering Using Links,ROCK)算法[1,13]和利用动态建模的层次聚类(Chameleon)算法[4,14]等。

3. 基于密度的聚类算法

聚类算法通常使用距离描述样本间的相似性,但对于非球状数据集,仅用距离描述相似性是不充分的。对于这种情况,基于密度的聚类方法通过数据密度来发现任意形状的聚类。该方法的主要思想是只要临近区域的密度,即数据点的数目超过某个预设阈值,就继续聚类。也就是说,对某给定簇中的每个样本点,在某个给定范围的区域内必须至少包含一定数目的样本点。经证明,这种方法可用来过滤噪声和孤立点数据以发现任意

形状的簇。常用的基于密度的聚类算法主要包括具有噪声的基于密度的聚类应用
(Density-Based Spatial Clustering of Applications with Noise，DBSCAN)算法[15,16]、通过
点排序识别聚类结构(Ordering Points to Identify the Clustering Structure，OPTICS)算
法[17,18]与基于密度分布函数的聚类(Density-based Clustering，DENCLUE)算法等[19,20]。

4. 基于网格的聚类算法

基于网格的聚类算法的核心思想是将输入数据对象划分为多个网格单元，然后使用
构造的多维网格数据结构进行聚类分析。通常使用的基于网格的聚类算法主要有统计信
息网格(Statistical Information Grid，STING)算法[21,22]等。

5.2 基于划分的聚类算法

对于给定的数据集 D，基于划分的聚类算法将这些数据对象划分为 k 个簇($k \leqslant n$)，
其中 n 指数据集 D 中包含的数据对象的数目。簇的划分准则由聚类的实际应用来决定。
例如，我们将一幅图像划分为多个簇，使得每个簇中包含的像素点的颜色特征具有相似
性，不同簇之间的颜色特征具有相异性。此时，我们可以采用颜色特征空间的欧氏距离
作为划分准则。

5.2.1 k 均值聚类

k 均值聚类算法作为典型的基于距离划分的聚类算法被广泛使用，该方法从数据
集中随机选择 k 个数据点作为原始聚类中心，分别计算每个数据点与 k 个聚类中心的
距离，距离越近，相似度越大，将每个数据点归到距离最近的聚类中心所在的簇中。
进一步地，将簇中所有数据点特征的均值作为簇的中心，反复迭代直至每个簇的数据
对象都不再改变。

k 均值聚类算法的基本处理流程如下[1,3,6]。

首先，针对给定的 n 个数据对象集合 D，随机选择 k 个数据对象，并将其当作簇的
初始值 $\{C_1, C_2, \cdots, C_k\}$，对于剩余的数据对象，分别计算其与每个簇之间的距离，并将它
归到距离最短的簇中。然后，用整个簇中所有对象的均值替换原有的聚类中心，重复上
述过程，直到数据对象集合的平方误差和最小。其中，平方误差和定义如下

$$\mathrm{SSE} = \sum_{i=1}^{k} \sum_{v \in C_i} |v - \mu_i|^2 \tag{5-2-1}$$

其中，SSE 是数据集中所有对象的平方误差和；v 是空间中的点，表示给定对象；μ_i 是
簇 C_i 的均值(v 和 μ_i 都是多维的)。采用数据集合的平方误差和 SSE 作为 k 均值算法的收
敛准则，能够有效地保证聚类结果的紧凑与独立。

k 均值聚类算法以最小化平方误差和 SSE 作为收敛准则，将数据集合划分为 k 个簇，
使得簇之间具有较高的相似度，簇与簇之间明显分离，具有较好的聚类效果。k 均值聚
类算法的计算复杂度为 $o(nkt)$，其中 t 为迭代次数，该算法适用于大型数据集，但是 k
均值聚类算法也存在一些不足之处。例如，该算法必须事先给定类簇数，簇数的初始值

设定往往会对聚类的算法影响较大，通常会在获得一个局部最优值时停止。除此之外，算法的聚类结果与数据集合的形状有关，与非凸面形状的簇相比，对于凸型数据算法往往表现出较好的聚类结果。而且算法对于噪声数据以及孤立点数据较为敏感，如何解决聚类算法中的噪声敏感问题是当前的研究热点。

5.2.2 k中心点聚类

k均值聚类算法对噪声数据对象十分敏感，如果存在一个具有极端值的数据对象，极有可能影响最终的聚类结果。为了消除极端数值对聚类结果的影响，与k均值采用簇中所有数据点的均值代表该簇不同，k中心点聚类通过挑选簇中存在的数据点来代表该簇。通过计算其余数据对象与代表点之间的相似度，将数据点归到最相似的簇中。重复上述过程，将绝对误差标准作为收敛条件，直到算法收敛。其中，绝对误差之和 SAE 标准定义如下

$$\text{SAE} = \sum_{j=1}^{k} \sum_{v \in C_i} |v - v_j| \tag{5-2-2}$$

其中，SAE 代表数据集中所有数据对象与挑选的聚类中心的绝对误差之和；v代表簇C_j中任一给定的数据对象；v_j是簇C_j中的代表对象。k中心点算法将绝对误差之和 SAE 作为收敛准则，进而保证簇的代表对象尽可能地接近簇中所有数据对象的均值，使其获取较好的聚类结果。该方法将n个数据对象集合划分为k个簇，较为有效地消除了噪声数据对聚类结果的影响。

假设v_j为簇C_j的代表对象，v_i为簇C_i的代表对象，v_{cand}为候选代表对象，v为任一非代表对象，则k中心点聚类算法的迭代过程可分为以下四种情况[1,23]。

(1)假设v属于簇C_j，如果v_j被候选代表对象v_{cand}所取代，并且v离簇C_i的代表对象v_i更近，则将v归为簇C_i。

(2)假设v属于簇C_j，如果v_j被候选代表对象v_{cand}所取代，并且v离候选代表对象v_{cand}更近，则将v归为v_{cand}所在的簇。

(3)假设v属于簇C_i，并且$i \neq j$，如果v_j被候选代表对象v_{cand}所取代，并且v离簇C_i的代表对象v_i更近，则v仍然归为簇C_i。

(4)假设v属于簇C_i，并且$i \neq j$，如果v_j被候选代表对象v_{cand}所取代，并且v离候选代表对象v_{cand}更近，则将v归为v_{cand}所在的簇。

在迭代过程中，计算相应的绝对误差之和，如果迭代后的绝对误差之和小于迭代前绝对误差之和，则说明候选代表对象v_{cand}能够替换现有代表数据对象v_j，反之，则保留当前代表数据对象。通过分析可知，利用k中心点聚类算法将n个数据对象划分为k个簇，每次迭代的计算复杂度为$O(k(n-k)^2)$，因此，k中心点聚类算法不适合大型数据库聚类。k中心点聚类算法可视为k均值聚类算法的改进，当数据对象集合中存在噪声数据时，k中心点聚类算法不容易受到噪声数据的影响，具有更强的鲁棒性。然而，k中心点聚类算法的计算复杂度远远高于k均值聚类算法，处理大型数据库时，k中心点聚

类算法的效率很低。

5.2.3　EM

期望最大化算法[2]可看成 K 均值聚类算法的一种扩充。该算法的核心思想是当观测数据不完整时，通过迭代求解最大化似然估计函数获取聚类结果。观测数据不完整可能是因为观测数据本身存在错误，也可能是因为需要添加隐含变量才能对似然函数进行优化[2,24]。

1. 高斯混合模型

高斯混合模型(Gaussian Mixture Model，GMM)由多个具有不同模型参数的高斯分布混合组成，对这些高斯概率密度分布函数进行加权求和，能够平滑地近似任意形状的密度分布函数，进而描述数据集的分布状况。假设数据集为 D，随机样本 x，维数为 d，高斯混合模型 $GMM(x,v)$ 由 k 个独立的高斯分布加权平均组成，计算公式如下

$$GMM(x,v) = \sum_{j=1}^{k} \lambda_j G(x, \mu_j, \sum_j) \tag{5-2-3}$$

$$G(x, \mu_j, \sum_j) = \frac{\exp\left[-\frac{1}{2}(x-\mu_j)^{\mathrm{T}} \sum_j^{-1}(x-\mu_j)\right]}{(2\pi)^{d/2} \left|\sum_j\right|^{1/2}} \tag{5-2-4}$$

其中，v 是参数向量集合；λ_j 是混合模型中高斯密度函数的权重；μ_j 是样本均值；$\sum_j$ 为协方差矩阵。我们将每个高斯模型视为一个类别，根据以上公式对数据集中的每个数据计算相应的高斯混合模型，然后通过一个阈值来判断该样本是否属于该高斯模型。

2. 基于高斯混合模型的 EM 聚类算法

确定的类别不同，EM 聚类算法通过计算数据对象与类别之间隶属关系发生的概率来决定对象的类别。EM 算法包括 E 步(期望步)与 M 步(最大化步)两个步骤，通过反复迭代，直到收敛。其中 E 步用于计算某个样本点隶属于某个聚类的概率，M 步依据 E 步获取的概率值更新每个类别的质心与分布。

令 $D = \{x^1, x^2, \cdots, x^N\}$ 表示 N 个观察到的不完整的离散的数据集。设 $H = \{z^1, z^2, \cdots, z^N\}$ 表示 N 个隐藏的与数据集 D 依次对应的变量 Z，并将其视为样本的类别标签。通过给定初始参数 μ_0、π_0、Σ_0 可计算第 i 个样本属于第 j 类的条件期望值 w_{ij} 为

$$w_{ij} = p(j \mid x^j, \theta^{(t)}) = \frac{\pi_j^{(t)} p(x^j \mid \theta_j^{(t)})}{\sum_{k=1}^{m} \pi_k^{(t)} p(x^j \mid \theta_k^{(t)})} \tag{5-2-5}$$

根据如下公式更新高斯混合模型的参数 λ_j、μ_j、Σ_j，使对数似然函数期望最大化

$$\lambda_j = \frac{1}{N} \sum_{i=1}^{N} w_{ij} \tag{5-2-6}$$

$$\mu_j = \frac{1}{N\lambda_j} \sum_{i-1}^{N} w_{ij} x^i \tag{5-2-7}$$

$$\Sigma_j = \frac{1}{N\mu_j} \sum_{i-1}^{N} w_{ij}(x^i - \mu_j)(x^i - \mu_j)^{\mathrm{T}} \tag{5-2-8}$$

EM 算法主要流程如下[2,24]：在给定初始参数的基础上，计算完整数据的对数似然函数的条件期望值。优化高斯混合模型中的参数 λ_j、μ_j、Σ_j 使得对数似然函数期望最大化。重复以上步骤直到所有点都被处理。

EM 算法的初始化就是计算预分类数据中每个类别的初始参数值。由于 EM 算法对初始参数的敏感性，通过选取适合的初始化算法，可以提高聚类的精确度，还可以减少迭代次数，缩短运算时间。当前对 EM 算法的初始化方法主要包括以下几种。

(1)随机初始化算法。首先随机指定 k 个样本作为聚类中心，计算其他样本与聚类中心的欧氏距离，将样本分配到离它最近的类中。

(2)层次聚类初始化算法。该算法通过凝聚层次聚类，依据最大似然标准每次合并两个相似样本，直至指定的聚类个数。数据规模较大时，该方法会具有较高时间和空间复杂度。

(3)k 均值初始化算法。该算法与随机初始化算法类似，区别在于将每个样本添加到一个簇中之后，需要重新计算该类中所有数据均值作为新的聚类中心。

EM 算法具有简单且易于实现、收敛快等特点，应用比较广泛。但是，该算法的缺点在于很难达到全局最优。

5.3　基于层次的聚类算法

基于层次的聚类算法将簇间距离作为层次分解准则，通过不断调整簇与子簇之间的关系，进而构造一棵聚类树。根据层次分解方向不同，可将层次聚类算法划分为凝聚层次聚类与分裂层次聚类。在进行层次聚类时，我们应选择合适的凝聚或分裂准则，因为凝聚子簇或分裂子簇的过程是不可逆的，一旦完成凝聚或分裂就不能进行修正[9,11,12,14]。

(1)凝聚层次聚类。这种方法首先将每个对象作为一个原子簇，然后将这些原子簇聚集为更大的簇，直到所有的对象都在一个簇中，或者满足某个终止条件。绝大多数层次聚类方法属于这一类。

(2)分裂层次聚类。与凝聚层次聚类方法相反，这种方法首先将所有对象放在一个簇中，然后将该簇不断地分裂为更小的簇，直到每个对象自成一簇，或者满足某个终止条件。

5.3.1　簇间距离度量方法

广泛采用的簇间距离度量方法有最小距离、最大距离、均值距离与平均距离。其中，$|v-v'|$ 是两个对象或点 v 和 v' 之间的距离，mv_i 是簇 C_i 的均值，而 n_i 是簇 C_i 中对象的数目。

（1）最小距离

$$d_{\min}(C_i, C_j) = \min_{v \in C_i, v' \in C_j} |v - v'| \tag{5-3-1}$$

若算法使用最小距离 $d_{\min}(C_i, C_j)$ 衡量簇间距离，则称它为最近邻聚类算法。当最近簇之间的距离超过某个预定的阈值时终止聚类过程，这种层次聚类方法称为单连接算法。若把数据点看成图的节点，图中的边构成簇内节点间的路径，则簇 C_i 与 C_j 的合并就对应于在 C_i 和 C_j 的最近的一对节点之间添加一条边，结果将形成一棵树。这种方法也称为最小生成树算法。

（2）最大距离

$$d_{\max}(C_i, C_j) = \max_{v \in C_i, v' \in C_j} |v - v'| \tag{5-3-2}$$

最远邻聚类算法使用最大距离 $d_{\max}(C_i, C_j)$ 作为簇间距离度量，并采用图论的知识进行数据点聚类。首先将数据点看作图中的节点，并利用无向边连接这些节点，同时使得每个簇中的节点都有边进行连接。连接后的簇可视为一个完全子图，根据两个簇之间最远的节点来衡量簇间距离，通过反复迭代尽可能少地增加簇的直径。

（3）均值距离

$$d_{\mathrm{mean}}(C_i, C_j) = |mv - mv'| \tag{5-3-3}$$

（4）平均距离

$$d_{\mathrm{avg}}(C_i, C_j) = \frac{1}{n_i n_j} \sum_{v \in C_i} \sum_{v' \in C_j} |v - v'| \tag{5-3-4}$$

最小距离和最大距离度量方式代表了簇间距离度量的两个极端，导致这两种距离对离群点或噪声数据过分敏感。而使用均值距离或平均距离是对最小距离和最大距离的一种折中方法，可克服离群点敏感性问题。均值距离具有计算简单的优势，平均距离的优势在于既能处理数值数据又能处理分类数据。但是分类数据的均值向量可能很难计算或者根本无法定义。

已有的层次聚类改进算法有：BIRCH 算法，它利用层次方法的平衡迭代规约和聚类，CURE 算法是层次算法和划分算法的结合，ROCK 方法是将簇间的互连性进行合并以及探查层次聚类动态建模的 Chameleon 算法等。

5.3.2 BIRCH

BIRCH 聚类算法集成凝聚层次聚类算法与其他聚类算法。其中，凝聚层次聚类算法用于聚类特征树（CF 树）的构建，通过扫描数据集形成初始化聚类，并根据内存限制完成聚类特征树的重建。而其他聚类算法则在聚类特征树的基础上进行聚类。BIRCH 引入聚类特征和聚类特征树用于概括簇的描述，以提高在大型数据库中的聚类速度，在对象的增量和动态聚类方面提升聚类性能。

假定簇中有 n 个 d 维的数据对象，簇的质心定义如下[1,2,4]

$$x_0 = \frac{\sum\limits_{i=1}^{n} x_i}{n} \tag{5-3-5}$$

而簇的质心半径 R、直径 D 定义如下

$$R = \sqrt{\frac{\sum_{i=1}^{n}(x_i - x_0)^2}{n}} \tag{5-3-6}$$

$$D = \sqrt{\frac{\sum_{i=1}^{n}\sum_{j=1}^{n}(x_i - x_j)^2}{n(n-1)}} \tag{5-3-7}$$

其中，R 是成员对象到质心的平均距离；D 是簇中成对的平均距离。R 和 D 都反映了质心周围簇的紧凑程度。

给定簇中的 n 个 d 维数据点，以及这些点的线性和 LS 与平方和 SS 构成了该簇的聚类特征，定义如下

$$CF = \langle n, LS, SS \rangle \tag{5-3-8}$$

在统计学领域，聚类特征可视为簇的零阶矩、一阶矩和二阶矩，也是给定簇的信息汇总。对于不相交的两个簇，聚类特征具有可加性。例如，若有两个不相交的簇 C_1（聚类特征 CF_1）和 C_2（聚类特征 CF_2），则 C_1 与 C_2 合并而成的簇，其聚类特征为 CF_1+CF_2。因此，BIRCH 算法通过使用聚类特征汇总对象簇的信息，进而避免存储所有的对象，可有效地利用存储空间。

BIRCH 算法通过单遍扫描数据集可产生一个初始聚类，进一步扫描可用来优化单遍扫描得到的聚类的结果。它主要包括两个阶段。

(1)初始化聚类。通过扫描数据库动态建立一棵存放于内存的初始 CF 树，叶节点信息存放于内存，内部节点仅存储 CF 值及指向其父节点和孩子节点的指针。CF 树尝试保留数据内在的聚类结构，也可看成数据的多层压缩。

(2)优化聚类结果。采用诸如划分等聚类算法对 CF 树的叶节点进行聚类，并把稀疏簇当作离群点删除，稠密的簇则进一步合并为越来越大的簇。

在阶段(1)中，BIRCH 算法支持增量聚类，随着数据对象的插入动态地构造 CF 树。将一个数据对象插入到与其最邻近的叶子条目即子簇下。如果插入数据对象后，该叶节点中存储的子簇直径超过阈值，则该叶节点的其他节点即将分裂。新对象的信息在数据插入后向树根传递，这里可以通过修改阈值改变 CF 树的大小。当存储 CF 树的内存超过阈值时，可通过降低阈值重新构建 CF 树。重建 CF 树可以从旧树的叶节点构造一棵新树，无须重新读取所有的对象。与 B+树构建过程类似，该方法在构造 CF 树时只需读取一次数据。而通过额外的数据扫描可去除那些离群点，改善 CF 树的质量。

BIRCH 算法的主要优点如下[3,9,10]。

(1)由于 BIRCH 算法只将叶节点存放在磁盘，内部节点则只存储 CF 值和指向父亲节点与孩子节点的指针，这样可以达到节省内存的目的。

(2)合并两个簇只需计算两个 CF 的和，簇间距离的计算也很简单，且建立 B 树只需扫描一遍数据库，具有速度快的优点。

(3)建立好 B 树后把那些包含数据点少的簇当作离群点，达到识别噪声点的目的。

BIRCH 算法的主要缺点如下。

（1）聚类结果依赖数据点的插入次序，可能导致同一个簇的数据点因为插入顺序相距较远，最后被划分到不同簇中。

（2）对非球状簇的聚类效果不好。这取决于簇直径和簇间距离的计算方法。

（3）对高维数据聚类效果不好。由于每个节点包含的子节点数目有限，得到的簇可能和自然簇相差很大。

5.3.3 CURE

CURE[4]是一种层次聚类算法，其核心思想是将每个数据对象当作一个独立的簇，通过合并最相似的对象完成簇的划分。CURE 算法改进了 BIRCH 算法在面对非球状簇时聚类质量不理想的缺点，在选择簇的代表点时，采取结合质心和代表对象的策略。算法通过如下方式选择簇的代表点：对每个簇选择其中分布比较好的 c 个点，这些点可以表示簇的几何形状。然后通过收缩因子 α（$0 < \alpha < 1$）来将这些点向中心收缩。α 越小簇收缩的程度越小，得到的簇越松散。α 越大簇收缩的程度越大，得到的簇越紧凑，通过向中心收缩可以降低异常点的影响。将两个簇合并之后重新选择 c 个点作为代表点。由于这 c 个点可以表示簇的几何形状，所以 CURE 算法对非球形的簇聚类质量也很好。

CURE 算法具体流程如下：首先在数据库中选取 n 个点作为样本，并将每个样本作为一个初始簇。每次将距离最近的两个簇合并为一个簇，在合并过程中将对象数目增长缓慢的簇作为异常值除去。在合并快要结束时将对象数目特别少的簇作为异常簇除去，直到簇的个数为要求的 K。将非样本数据点分配到最近的簇中，并用相应的簇标签标记数据。

在面对大型数据库时，可以采用随机抽样和划分的方法来提高算法效率。采用划分手段就是将整个数据样本划分为几个不同的部分，由于每个簇与其他划分簇的距离较远，所以在开始阶段可以先对每一部分内部的簇进行局部聚类得到子簇，然后对子簇进行全局聚类得到最终结果。

随机取样的方法是在整个数据库中先随机选择数据作为样本，对这些取样数据进行聚类，这样就可以减少聚类的次数。同时在取样时尽量保证样本在数据库中分布均匀，尽量减小样本选取对结果带来的偏差。取样数据库得到的聚类结果与全体数据库聚类得到的结果必然会有差别。这种方法通过牺牲计算准确度来提高计算效率。

但是，CURE 算法处理离群点是通过一次过滤、两次剔除实现的，当离群点过多的时候，聚类结果容易出错。

5.3.4 ROCK

传统聚类算法主要使用距离函数判断一个点属于哪个簇。当对包含布尔或分类属性的数据进行聚类时，使用距离函数可能导致产生的簇的质量不高。而且，大多数聚类算法只顾及点与点之间的相似度进行聚类，这种"局部"方法很容易导致某些错误。例如，两个不同簇可能有少数几个点或离群点比较相似，使用这种方法就会将两个簇合并，产生错误的结果。

ROCK 是一种层次聚类算法，使用连接即两个对象间共同的近邻数目来解决具有分类属性的数据。通过成对点的邻域情况使用全局聚类方法对数据进行聚类。仅当两个点相似且具有相似邻域时，才能将这两个点合并到同一个簇中。若两个点 v_i 和 v_j 是近邻，且 $\text{sim}(v_i, v_j) \geq T$，其中 T 是用户指定的阈值。sim 可以选择为距离度量。定义 v_i 和 v_j 之间的连接数为这两个点的共同近邻个数。两个点之间的连接数越大，它们越有可能属于同一个簇。由于考虑了邻近数据点，ROCK 算法具有更强的鲁棒性。

ROCK 算法具体流程如下[13]。

将每个样本点作为一个初始簇。通过样本点之间的距离计算相似度，并生成相似度矩阵。根据用户设定的相似度阈值 T 来判定两个簇是否相邻并生成相邻矩阵。根据相邻矩阵计算连接矩阵，将连接数最大的两个簇合并。重复以上步骤直到生成预期的簇。

5.3.5　Chameleon

Chameleon 是一种采用动态建模确定簇之间相似度的层次聚类算法。ROCK 强调簇的互连性，忽略了簇的邻近度信息，CURE 强调簇的邻近度，忽略了簇的互连性。Chameleon 算法在划分簇时则综合考虑了簇的互连性及邻近度信息这两个性质，只有当两个簇的互连性很高且相邻时才将它们合并，达到改进 CURE 算法与 ROCK 算法的缺点的目的。这样，算法能够自适应地合并簇的内部特征。定义好相似度的函数，就可以应用于所有的类型，有利于发现同构的簇。

Chameleon 采用 k 最近邻图的方法构建一个稀疏图，图的每个顶点代表一个数据对象，分别在一个对象和它最近的 k 个类似对象之间建立边，并给边加权。通过权值来反映两个对象之间的相似度。Chameleon 使用一种图划分算法，首先将 k 最近邻图划分成大量相对较小的子簇，然后使用凝聚层次聚类算法，基于子簇的相似度反复合并子簇。为了确定最相似的子簇对，它既考虑每个簇的互连性，又考虑簇的接近度。

图划分算法划分 k 最近邻图，使得割边(Edge Cut)最小化。也就是说，簇 C 划分为两个子簇 C_i 和 C_j 时需要切断的边的加权和最小。割边用 $\text{EC}(C_iC_j)$ 表示，用于评估簇 C_i 和 C_j 之间的绝对互连性。

两个簇 C_i 和 C_j 之间的相对互连度 $\text{RI}(C_iC_j)$ 定义如式(5-3-9)所示，为 C_i 和 C_j 之间的绝对互连度关于两个簇 C_i 和 C_j 的内部互连度的规范化，即

$$\text{RI}(C_i, C_j) = \frac{\left| \text{EC}_{\{C_i, C_j\}} \right|}{\frac{1}{2}\left(\left| \text{EC}_{C_i} \right| + \left| \text{EC}_{C_j} \right| \right)} \tag{5-3-9}$$

其中，$\text{EC}_{\{C_i, C_j\}}$ 是包含 C_i 和 C_j 的簇的割边。类似地，EC_{C_i} (或 EC_{C_j})是将 C_i (或 C_j)划分成大致相等的两部分的割边的最小和。

两个簇 C_i 和 C_j 的相对接近度 $\text{RC}(C_iC_j)$ 定义为 C_i 和 C_j 之间的绝对接近度关于两个簇 C_i 和 C_j 的内部接近度的规范化，定义如下

$$RC(C_i, C_j) = \frac{\overline{S}_{\mathrm{EC}_{(C_i, C_j)}}}{\dfrac{|C_i|}{|C_i| + |C_j|} \overline{S}_{\mathrm{EC}_{C_i}} + \dfrac{|C_j|}{|C_i| + |C_j|} \overline{S}_{\mathrm{EC}_{C_j}}} \tag{5-3-10}$$

其中，$\overline{S}_{\mathrm{EC}_{(C_i, C_j)}}$ 是连接 C_i 中顶点和 C_j 中顶点的边的平均权重；$\overline{S}_{\mathrm{EC}_{C_i}}$ 或 ($\overline{S}_{\mathrm{EC}_{C_j}}$) 是最小二分簇 C_i (或 C_j) 的平均权重。

k 最近邻图动态地捕获邻域的概念。对象所在区域的密度决定了对象的邻域半径，邻域的定义范围在稠密度区域中较窄，而在稀疏密度区域较宽。与采用基于密度的全局邻域方法 DBSCAN 相比，这种方法能够产生更自然的簇。此外，密集区域的边比稀疏区域的边有更大的权重。

Chameleon 算法具体流程如下[3,14]。

首先构建一个无向图 G_k，其中每个点代表数据集中一个数据点。若数据点 a_i 到数据点 b_i 的距离是所有点到 b_i 中最小的，则在 a_i 与 b_i 之间构建一条带权值的边，它们也称为临近点。两个点距离越小则权值越大。重复该步骤直到图中每个点都找到 7 个临近点。然后将 G_k 划分为两个大小近似相等的子图，再将每个子图作为一个原始图划分为更小的子簇。直到每个子图中节点数目达到一定标准。对于子簇 C_i 和子簇 C_j，它们的相似度由它们的互连性和相对近似度决定。选择相似度较大的子簇开始合并。该算法对任意形状的数据集可得到较好质量的聚类，但是以牺牲计算速度为代价，通常情况下，对于小型数据库可采用该方法进行聚类分析。

5.4 基于网格与基于密度的聚类

基于网格的聚类算法将数据集中的数据对象量化为有限数目的单元，这些单元可形成一种多分辨率的网格数据结构。通过在网格数据结构上进行聚类操作，可将数据集划分为簇。该方法的聚类处理时间取决于量化空间中每一维的单元数，与数据对象的数目无关，因此具有处理速度快的优点。基于密度的聚类算法以聚类密度为划分准则，将数据空间划分为多个簇。该算法的优点是可以发现任意形状的簇。

5.4.1 STING

STING[21,22]是典型的基于网格的聚类算法，将空间区域划分为多个矩形块。对这些矩形块进行分级，并且每一个级别的矩形块对应一个级别的分辨率，进而构建一个层次结构。可以看出，每个高层单元可划分为多个低一层的单元。在进行聚类分析之前，需要预先计算和存储每个网格单元的统计信息参数。这些参数可细分为三类：属性无关的参数、属性相关的参数与属性值遵循的分布类型。其中，属性无关的参数主要有 count（计数），属性相关的参数主要有 mean（均值）、stdev（标准差）、min（最小值）、max（最大值），属性值遵循的分布类型主要有正态分布、均匀分布、指数分布与 none（分布未知）。随着数据加载到数据库，底层单元的属性相关参数可以直接由数据计算，分布类型可以自己指定或者通过假设检验来获取。高层单元的参数由底层参数通过计算获取，其分布类型通过阈值过滤过程的合取计算。如果阈值检验失败，则高层单元的分布类型置为 none。

统计参数的使用可以按照自顶向下的基于网格的方法。首先，从层次结构中选定包含最少单元的一层作为查询答复过程的开始点。然后，计算每个单元与给定查询相关程度的置信区间，并删除不相关的单元。最后，通过反复迭代直到底层。如果获取的结果满足查询要求，则返回相关单元的区域。反之，则继续检索相关单元中的数据，直至满足查询要求。

STING 算法有以下优点。

(1)计算的独立性。主要体现在每个单元的统计信息参数不依赖于查询的汇总信息。

(2)并行处理。主要体现在网格结构有利于并行处理与增量更新。

(3)高效率。主要体现在算法只需要扫描一次数据库，就可以计算单元的统计参数。其计算复杂度为 $O(n)$，其中 n 是对象的数目。

STING 算法有以下缺点。

(1)网格结构的粒度。网格结构底层的粒度直接决定了聚类的质量，粒度过细会增加相应的处理代价，粒度过粗则会降低相应的分析质量。

(2)单元之间无联系。构建一个父亲单元时没有考虑子女单元和其相邻单元之间的联系，进而导致获取的簇的边界不是水平就是竖直，而没有斜边界线。在增加处理速度的同时，降低了簇的质量与精确性。

5.4.2 DBSCAN

DBSCAN 是典型的基于密度的聚类算法。该算法的核心思想是将数据库中密度相连点的最大集合，即高密度区域视为簇，而数据空间中的高密度区域总是被低密度区域所分割。因此，可以通过扩展高密度区域获取相应的聚类结果，并且可以在具有噪声数据的数据库中发现任意形状的簇。

算法的具体流程是[15,16,25]：在数据集中随机选取一个数据点 v，若以 v 为圆心，ε 为半径的邻域内包含 T（T 为用户设置的阈值）个对象，则将 v 及其邻域内的对象合并为一个簇。重复上述步骤，直到每一个簇都达到一定密度。

DBSCAN 算法具有以下优点。

(1)具有处理异常数据的能力。

(2)能发现任意形状的簇。DBSCAN 算法是基于密度定义的，相对来讲抗噪声性能较好且能处理任意形状的簇。如果用户定义的参数 ε 和 T 设置恰当，该算法可以有效地找出任意形状的簇。如果使用空间索引，DBSCAN 算法的计算复杂度是 $O(n\log_2 n)$，否则计算复杂度是 $O(n^2)$。

DBSCAN 算法缺点：输入参数的敏感性。该算法需要用户输入邻域半径 ε，邻域内对象个数 T，而这些参数即使只有细微的差距，也会导致差别较大的聚类结果，至今为止尚无法自适应地选择合适的输入参数。目前，人们利用绘制降序 k-dist 图的可视化方法来确定邻域半径参数。通过计算每个对象与其第 k 个最近对象之间的距离，然后，对这些距离进行排序并绘制相应的 k-dist 图，进而确定邻域半径参数。然而，当类簇之间有交叉，或者数据对象分布密度与类簇大小不同时，往往难以利用 *k*-dist 图来确定邻域半径。

5.4.3　OPTICS

OPTICS 是另一种典型的基于密度的聚类分析方法，针对 DBSCAN 算法需要手工输入参数进行改进，根据聚类的密度动态调整参数的值。与此同时，考虑到高维数据对象集合存在的数据分布不均匀的现象，全局密度参数难以刻画其内在的聚类结构。与其他聚类算法显式生成数据集类簇不同，OPTICS 为自动和交互的聚类分析计算一个增广的可用于代表数据的基于密度的聚类结构的簇排序(Cluster Ordering)。这些簇排序与从一个广泛的参数设置所获得的基于密度的聚类是等价的，并且可以用于提取基本的聚类信息与内在的聚类结构。综上所述，可知 OPTICS 对 DBSCAN 进行的改进主要体现在对输入参数不敏感，并且可以发现不同密度的簇，将这些簇用图标等可视化的方法表示出来。同时，OPTICS 算法引入了簇排序，可自动挖掘也可与用户进行交互。

OPTICS 引入了核心距离(Core-Distance)和可达距离(Reachability-Distance)这两个新概念。设 v_i、v_j 为对象，数据集为 D，ε 为距离值，T 为指定阈值，$N_\varepsilon(v_j)$ 为邻域对象数。如果 v_i 是核心对象，则 v_i 的核心距离指的是使得 v_i 成为核心对象的最小 ε，而 v_i 关于 v_j 的可达距离指的是 v_i 的核心距离和 v_i 与 v_j 的欧氏距离的较大值。如果 v_i 不是核心对象，则 v_i 的核心距离以及 v_i 和 v_j 之间的可达距离都没有定义。

算法的主要流程是[1,3,17]：对于数据集中的任一未处理对象 v_i，计算它的核心距离以及 v_i 和 v_j 之间的可达距离。如果 v_i 是核心对象，则找到所有它的关于 ε 和 T 的密度直达点排序并插入可达队列，然后处理下一个未处理的对象。

5.5　其他方法聚类

5.5.1　NMF

非负矩阵分解(Non-negative Matrix Factorization，NMF)[26,27]的核心思想是利用组成数据整体的部分感知来描述数据整体的感知。对于原始数据集合，总是存在这样一组基，使得每条数据都能由这组基线性表达，并且系数均为非负数值。针对高维稀疏的文本数据，利用非负矩阵分解的稀疏性可以对数据进行稀疏表达，即通过有效数据来描述海量数据，提高执行速度。

对于给定的非负矩阵 $V_{n \times m}$，其中 n 指代数据集的样本数量，m 指代每个数据的维数，利用 NMF 算法可以将其分解为两个非负矩阵 $W_{n \times r}$ 和 $H_{r \times m}$，即

$$V \approx WH$$

$$(5\text{-}5\text{-}1)$$

r 远小于 n 和 m，因此，分解后的矩阵远小于原始矩阵，可视为原始矩阵的压缩。文本集合通常利用向量空间模型(Vector Space Model，VSM)来表示。假设包含 n 个数据的向量集 $V = \{V_1, V_2, \cdots, V_n\}$，对于每一个向量 $V_j = \{v_{j1}, v_{j2}, \cdots, v_{jm}\}$ 可以通过抽取的特征项

$\{t_1, t_2, \cdots, t_m\}$ 进行表达。每个特征项 t_i 可视为向量空间中的一组基，可能包含一个词，也可能包含多个词。利用 NMF 进行文本聚类，利用式(5-5-1)可以将数据集 V 分解为两个非负矩阵 W 和 H，并将其视为文档类别中心及各文档对应类别的隶属度。其中，非负矩阵 W 的每一列都被当作一个聚类中心，而 H 的每一列代表某个文本对应每个聚类中心的隶属度。隶属度越高说明该文本归属于该类的概率越大。与此同时，NMF 的稀疏性使得文本聚类具有较强的稀疏性，有效地识别出对类别起关键作用的特征。

5.5.2　子空间聚类

随着维数的增高，噪声均匀分布与数据密度稀疏等规律不再满足，常规意义下关于距离的定义也不再有效，我们将其称为维度效应(the Curse of Dimensionality)。为了解决以上问题，在保证原始数据主要特性的基础上，尽可能地将数据从高维空间转化到低维空间，然后利用低维数据进行聚类，这种数据处理方式称为维规约。但是，维规约对于高维数据处理具有很大的局限性，难以满足高维聚类的实际需要。为了解决以上问题，通过扩展全空间聚类问题，进而提出了子空间聚类(Subspace Cluster)[28]，用于发现数据集中所有的簇及其所在的子空间。子空间聚类(C,D)由一个数据点的子集 C 和一个维的子集 D 组成，并且满足 C 中的点在 D 中很紧密地聚集在一起。比较有代表性的子空间聚类算法有维增长子空间聚类方法 CLIQUE 与维归约子空间聚类方法 PROCLUS。

1. CLIQUE

该聚类算法的核心思想是从单位子空间开始聚类，逐渐增长到高维子空间。该算法也可视为基于密度的聚类算法和基于网格的聚类算法的一种集成，先把每一维空间划分成网格状的结构，然后通过计算网格单元包含点的数目来判断该单元是否稠密，其主要思想是：对于给定的多维数据库集合，CLIQUE 聚类算法通过识别网格单元中的稀疏与稠密单元，进而发现数据集的总体分布模式。对于每一个单元将获取的数据点的个数与给定的模型参考值进行对比，如果超过这个参考值，就将这个单元称为稠密单元，否则称为稀疏单元，并将互连的稠密单元定义为类簇。

CLIQUE 聚类算法进行多维聚类主要分为两个步骤[3,29]。

(1) 识别稠密单元确定类簇。对数据空间进行划分，并从划分出的若干互不重叠的矩形单元中识别出稠密单元，通过取交集的方式获取相应的高维候选搜索空间。然后，利用关联规则中的 Apriori 性质，通过搜索空间项的先验知识剪除空间中的某些部分，进而识别候选搜索空间。为适应 CLIQUE 算法，Apriori 性质可概括如下：如果一个 k 维单元在任一 $k-1$ 维子空间的投影都是稠密的，则该 k 维单元是稠密的。由此，可以利用该性质通过 $k-1$ 维空间发现的稠密单元生成相应的候选 k 维单元。最后，对这些稠密单元进行检查，用于确定类簇。

(2) 为簇生成最小描述。连通的最大区域可用于确定类簇，此时，需要为每个簇确定一个最小覆盖。CLIQUE 按如下方法为每个簇生成一个最小描述，能够自动发现具有高密度簇的高维子空间，此外，该算法还具有良好的伸缩性，能够随着数据维数的增长进行线性伸缩，主要是因为对输入对象的顺序不敏感，并且不受输入数据分布类型的限制。

CLIQUE 算法也存在一些不足。首先，只有通过正确调整网格的大小与密度阈值等参数，才能获取良好的聚类结果，而调整这些参数往往是比较困难的。由于这些参数用于所有的维度组合，可能导致聚类精度下降。其次，该算法难以发现在不同子空间上密度差异较大的簇，主要是因为利用稠密区域所有子空间的投影都是稠密的这一准则。针对该算法的改进算法主要包括以下两个方面：第一，通过使用基于数据分布的统计量，采用自适应的、数据驱动的策略动态地为每个维确定箱，而不是使用固定的箱；第二，利用熵取代密度阈值来衡量子空间的簇的质量。

2. PROCLUS

投影聚类(Projected Clustering，PROCLUS)是一种典型的维归约子空间聚类方法。与 CLIQUE 算法不同，该算法从高维空间寻找簇的初始近似开始，为每个簇赋予一个权值，并在下次迭代中使用更新的权值产生新的簇，能够有效地避免在低维空间中产生的大量的簇。

与 CLARANS 算法使用爬山过程来发现最佳中心点集的方法相似，PROCLUS 采用曼哈顿分段距离(Manhattan Segmental Distance)即一组相关维的曼哈顿距离作为收敛准则来处理投影聚类。PROCLUS 算法可划分为以下三个阶段[1,30,31]。

(1)初始化阶段。这一阶段主要用于选取初始中心点。首先，根据生成的簇数按比例选取数据点的随机样本，在保证每个簇至少有一个数据对象的基础上，使用贪心算法选取一组彼此距离很远的初始中心点，在下一阶段使用。

(2)迭代阶段。这一阶段主要用于更新初始中心点。通过从规约后的集合中随机选取 k 个中心点，以提高聚类质量为迭代原则，更新初始中心点。

(3)改进阶段。这一阶段主要用于聚类结果的改进。基于生成的簇，为每个中心点重新计算维数，将数据点重新分配给中心点，同时删除离群点。利用 PROCLUS 算法取得的聚类结果在保证不重叠簇的同时，具有高效性与可伸缩性。

5.6 聚类有效性验证

与分类算法不同，聚类分析算法缺少数据集类别的先验信息及其内部结构，并且主要依据假设与猜测实现数据集划分，因此，为了聚类结果能够在实际生活中使用，有必要进行有效性验证与聚类质量评价。然而，就目前的聚类方法而言，很难使用一种聚类评价方法来评价所有算法产生的聚类结果。此外，在评价聚类结果时，需要考虑聚类的有效性，如果对数据集内在结构的假设不合理，数据集的内在结构就不能通过聚类结果进行体现。在对数据集内部结构假设合理的基础上，也有可能因为参数选择不当而不能获取正确的、良好的聚类结果。因此，聚类的有效性评价需要联系数据集的特征、算法的输入参数以及采用的聚类算法，通常包括以下三部分，分别是聚类质量的度量准则、数据集与采用聚类算法的拟合程度以及最佳聚类数目。聚类结果的评价[4]通常采用以下三种有效性指标[32,33]。

1. 外部指标

外部指标主要适用于聚类个数以及每个数据项的分类都已知的情况，通过聚类结果与数据集的真实结果进行对比来评估聚类结果。下面介绍几种常见的外部有效性指标。

1) F-Measure

该指标通过结合信息检索中的查准率（Precision）与查全率（Recall）来进行聚类结果评价。聚类结果中类簇 C_j 以及与之相关的真实类别 C_i 的 Precision 和 Recall 定义如下

$$\text{Precision}(i, j) = \frac{N_{ij}}{N_i} \qquad (5\text{-}6\text{-}1)$$

$$\text{Recall}(i, j) = \frac{N_{ij}}{N_j} \qquad (5\text{-}6\text{-}2)$$

其中，N_{ij} 指代类簇 C_j 中类别为 C_i 的样本数；N_j 代表类簇 C_j 中的样本数；N_i 代表类别 C_i 中的样本数。F-Measure 的计算公式如下

$$F(i, j) = \frac{1.3 \cdot \text{Precision}(i, j) \cdot \text{Recall}(i, j)}{\text{Precision}(i, j) + \text{Recall}(i, j)} \qquad (5\text{-}6\text{-}3)$$

整个聚类结果的 F-Measure 计算公式定义如下

$$F = \sum_{i=1}^{k} \frac{N_i}{N} \max F(i, j) \qquad (5\text{-}6\text{-}4)$$

其中，N 代表数据集中样本的总数；k 代表聚类的个数。F-Measure 的值越大，聚类的结果越好。

2) 熵值（Entropy）标准

类簇 C_i 的熵值定义如下[32]

$$E(C_i) = -\frac{1}{\log_2 k} \sum_{i=1}^{k} \frac{N_{ij}}{N_i} \log_2 \frac{N_{ij}}{N_i} \qquad (5\text{-}6\text{-}5)$$

整个聚类结果的熵值定义如下

$$E = \sum_{i=1}^{k} \frac{N_i}{N} E(C_i) \qquad (5\text{-}6\text{-}6)$$

熵值能够有效表示在簇集中同一类样本的分散度，熵值聚类结果与熵值的大小呈负相关的趋势，即熵值越大，聚类结果越差；熵值越小，聚类结果越好。

3) Rand 指数和 Jaccard 系数

设数据集 D 的聚类结果为 $C = \{C_1, C_2, \cdots, C_k\}$，数据集被划分为 $P = \{P_1, P_2, \cdots, P_s\}$，可以通过对比 C 和 P 实现聚类结果的评价。对于数据集中的任一对数据点，分别统计在 C 中属于同一类、在 P 中属于同一组的数据点的个数，在 C 中属于同一类、在 P 中属于不同组的数据点的个数，在 C 中属于不同类、在 P 中属于同一组的数据点的个数以及在 C 中属于不同类、在 P 中属于不同组的数据点的个数，并假设这些数据点的个数分别为 N_1、N_2、N_3 与 N_4。其中，划分的一致性可以由 N_1 与 N_4 表示，而计算偏差可以由 N_2 与 N_3 表示。设 C 与 P 之间的相似程度的有效性指标定义如下[5,30,34]：

Rand　指数

$$R = \frac{N_1 + N_4}{k} \tag{5-6-7}$$

Jaccard　系数

$$J = \frac{N_1}{N_1 + N_2 + N_3} \tag{5-6-8}$$

根据上述公式可知，两个指标取值范围均为[0,1]，并且当获取的聚类簇数与数据集真实划分的类数相等时，R 为 1。此外，R 值与聚类结果呈正相关的趋势，即 R 值越大，聚类结果越好，R 值越小，聚类结果越差。

2. 内部指标

内部指标适用于评价类标签未知的数据集，通过数据的固有量值与分布特征来评价聚类算法的结果，主要包括基于数据集模糊划分的指标、基于数据集样本几何结构的指标与基于数据集统计信息的指标。其中，基于数据集模糊划分的指标适用于模糊聚类算法的有效性评估。基于数据集样本几何结构的指标包括 Si(Silhouette) 指标、DB(Davies-Bouldin) 指标、BWP 指标与基于层次划分的指标，这些指标通过数据集本身以及类簇的统计特征在评估聚类结果的同时，可以确定最佳聚类个数。基于数据集统计信息的指标主要有 IGP 指标。

3. 相对指标

需要手动输入不同参数的聚类算法。针对同一个数据集，同一个聚类算法，根据输入参数不同获取不同的聚类结果，利用已有的有效性函数进行类簇的有效性评价。

参 考 文 献

[1] Han J W, Kamber M.数据挖掘: 概念与技术[M]. 2 版 范明，孟小峰，译. 北京: 机械工业出版社, 2007.

[2] David H, Heikki M, Padhraic S. 数据挖掘原理[M]. 张银奎，译. 北京: 机械工业出版社, 2003.

[3] 王纵虎. 聚类分析优化关键技术研究[D]. 西安: 西安电子科技大学, 2012.

[4] Tan P N, Steinbach M, Kumar V. 数据挖掘导论[M]. 北京: 人民邮电出版社, 2006.

[5] Xu R, Wunsch D. Survey of clustering algorithms[J]. IEEE Transactions on Neural Networks, 2005, 16(3): 645-678.

[6] Jain A K. Data clustering: 50 years beyond K-means[J]. Pattern Recognition Letters, 2010, 31(8): 651-666.

[7] Cai X, Nie F, Huang H. Multi-view k-means clustering on big data[C]// 23rd International Joint Conference on Artificial Intelligence (IJCAI), 2013: 2598-2604.

[8] Yoon T S, Shim K S. K-means clustering for handling high-dimensional large data[J]. Journal of KIISE: Computing Practices and Letters, 2012, 18(1): 55-59.

[9] Madan S, Dana K J. Modified balanced iterative reducing and clustering using hierarchies (m-BIRCH) for visual clustering[J]. Pattern Analysis and Applications, 2015: 1-18.

[10] Zhang T, Ramakrishnan R, Livny M. BIRCH: An efficient data clustering method for very large databases[C]// ACM SIGMOD Record. ACM, 1996, 25(2): 103-114.

[11] Guha S, Rastogi R, Shim K. CURE: An efficient clustering algorithm for large databases[C]// ACM SIGMOD Record ACM, 1998, 27(2): 73-84.

[12] Murtagh F. A survey of recent advances in hierarchical clustering algorithms[J]. The Computer Journal, 1983, 26(4): 354-359.

[13] Guha S, Rastogi R, Shim K. ROCK: A robust clustering algorithm for categorical attributes[C]// Data Engineering, Proceedings, 15th International Conference on. IEEE, 1999: 512-521.

[14] Karypis G, Han E H, Kumar V. Chameleon: Hierarchical clustering using dynamic modeling[J]. Computer, 1999, 32(8): 68-75.

[15] Ester M, Kriegel H P, Sander J, et al. Density-based spatial clustering of applications with noise[C]// Int. Conf. Knowledge Discovery and Data Mining, 1996: 240.

[16] Viswanath P, Pinkesh R. l-DBSCAN: A fast hybrid density based clustering method[C]// 18th International Conference on Pattern Recognition (ICPR'06). IEEE, 2006, 1: 912-915.

[17] Ankerst M, Breunig M M, Kriegel H P, et al. OPTICS: Ordering points to identify the clustering structure[C]// ACM SIGMOD Record. ACM, 1999, 28(2): 49-60.

[18] Du Z H, Lin F. A hierarchical clustering algorithm for MIMD architecture[J]. Computational Biology and Chemistry, 2004, 28(5,6): 417-419.

[19] Kriegel H P, Kröger P, Sander J, et al. Density-based clustering[J]. Wiley Interdisciplinary Reviews: Data Mining and Knowledge Discovery, 2011, 1(3): 231-240.

[20] Campello R J G B, Moulavi D, Sander J. Density-based clustering based on hierarchical density estimates[C]// Pacific-Asia Conference on Knowledge Discovery and Data Mining, 2013: 160-172.

[21] Wang W, Yang J, Muntz R. STING: A statistical information grid approach to spatial data mining[C]// VLDB, 1997, 97: 186-195.

[22] Zhang H M, Zhou Y C, Li J H, et al. Analyze the wild birds' migration tracks by MPI-based parallel clustering algorithm[J]. Lecture Notes in Computer Science, 2010, 6440: 383-393.

[23] Mettu R R, Plaxton C G. Optimal time bounds for approximate clustering[J]. Machine Learning, 2004, 56(1-3): 35-60.

[24] Verbeek J J, Nunnink J R J, Nikos V. Accelerated EM-based clustering of large data sets[J]. Data Mining and Knowledge Discovery, 2006, 13(3): 291-307.

[25] Ren Y, Liu X D, Liu W Q. DBCAMM: A novel density based clustering algorithm via using the Mahalanobis metric[J]. Applied Soft Computing, 2012, 12(5): 1542-1554.

[26] Lee D D, Seung H S. Learning the parts of objects by non-negative matrix factorization[J]. Nature, 1999, 401(6755): 788-791.

[27] Ding C H Q, He X, Simon H D. On the equivalence of nonnegative matrix factorization and spectral clustering[C]//SDM, 2005, 5: 606-610.

[28] Sim K, Gopalkrishnan V, Zimek A, et al. A survey on enhanced subspace clustering[J]. Data Mining and Knowledge Discovery, 2013, 26(2): 332-397.

[29] Agrawal R, Gehrke J E, Gunopulos D, et al. Automatic subspace clustering of high dimensional data for data mining applications: U.S. Patent 6,003,029[P]. 1999-12-14.

[30] Aggarwal C C, Wolf J L, Yu P S, et al. Fast algorithms for projected clustering[C]// ACM SIGMOD Record. ACM, 1999, 28(2): 61-72.

[31] Aggarwal C C, Han J, Wang J, et al. A framework for projected clustering of high dimensional data streams[C]// Proceedings of the Thirtieth International Conference on Very Large Databases-Volume 30. VLDB Endowment, 2004: 852-863.

[32] Halkidi M, Vazirgiannis M. Quality scheme assessment in the clustering process[C]// European Conf. Principles and Practice of Knowledge Discovery in Databases (PKDD), Lecture Notes in Artificial Intelligence, 2000, 1910: 265-276.

[33] Lange T. An objective solution to clustering index[J]. Patt Tec Lett, 2006, 27(3): 700-712.

[34] Halkidi M, Vazirgiannis M. Clustering validity assessment: Finding the optimal partitioning of a data set[C]// IEEE International Conference on Data Mining, 2001.

第6章 多模态脑影像挖掘

6.1 引　　言

目前，数据挖掘技术被广泛应用于脑影像分析中。其中以老年痴呆症（又称阿尔茨海默病：Alzheimer's Disease，AD）为代表的脑疾病诊断，也大量采用数据挖掘技术进行脑图像分析。脑图像作为现代医学的一种重要工具，能客观地揭示与脑疾病相关的脑结构和脑功能变化。根据成像方式不同，脑图像可分为结构脑图像和功能脑图像。前者主要包括磁共振成像（Magnetic Resonance Imaging，MRI），后者包括正电子发射断层成像（Positron Emission Tomography Imaging，PET）等。其中，MRI 能以较高的分辨率提供大脑的解剖形态信息，能够多方位、多序列地对脑组织进行成像。另外，PET 图像虽然分辨率不如 MRI，但能揭示脑的功能信息，对早期老年痴呆症诊断具有较高的特异性。此外，脑脊液（Cerebrospinal Fluid, CSF）也是临床上诊断老年痴呆症的常见生物标志。

如何有效并准确地对老年痴呆症及其早期阶段，如轻度认知障碍（Mild Cognitive Impairment，MCI）进行诊断已经成为研究热点。早期基于机器学习与数据挖掘技术的脑图像分析研究大多集中在对 MRI、PET 等单模态图像的分析和处理。例如，在文献[1]中，Nho 等采用体素形态学分析方法对全脑 MRI 进行处理，然后提取感兴趣区域体积和皮质厚度特征，再使用支持向量机进行分类，完成区分 AD 患者与健康对照组（Healthy Controls，HC）的最好分类精度为 90.5%，MCI 转换者（从 MCI 转换成 AD 的患者，MCI Converters，MCI-C）与 MCI 非转换者（MCI 不转换成 AD 的患者，MCI Non-Converters, MCI-NC）的最好分类精度为 72.3%。在文献[2]中，Duchesne 等提出了一种新的基于 MRI 形态因子的估计方法，结合主成分分析（Principal Component Analysis，PCA）法，用于特征降维，完成了 AD 与 HC 最好分类精度为 90%，MCI-C 与 MCI-NC 最好分类精度为 72.3%。Cho 等[3]在单模态 MRI 上提出了一种基于流形谐波转换的增量学习分类方法，实现了从正常个体分类 AD 患者的最好精度 82%，MCI-C 与 MCI-NC 最好分类精度为 71%。以及 Li 等[4]在单模态 MRI 基础上提出的分层交互特征选择模型，在分类 MCI-C 与 MCI-NC 中达到 74.76%的精确度。

近几年来，越来越多的研究者开始关注多模态脑图像分析，以获取多方面、互补性的诊断信息[5-14]。例如，Zhang 等[14]提出的基于多核学习的多模态数据融合和分类方法能将异质的脑图像（包括 MRI 和 PET）与脑脊液进行有效融合，通过生成一个混合核矩阵，能直接利用传统支持向量机方法进行脑疾病分类；Suk 等[15]提出了一种基于深度学习的多模态特征学习方法，能将异质的多模态脑图像进行有效融合，并获得一个推广性较好的多模态特征表示，从而有效地用于阿尔茨海默病等脑疾病的早期诊断；Liu 等[12]提出了一种多模态多任务特征选择方法，能有效获取多模态脑图像之间的相关性信息，并寻找出推广性较好的多模态特征子集，对早期诊断阿尔茨海默病表现出良好的性能。

此外，Yuan 等[16]提出的一种多任务特征学习方法能对不完整的多模态脑图像与生物标志特征进行融合，从而获得一个推广性较好的特征子集，并有效地用于所有模态的分类任务。以上研究都从脑图像或生物标志上提取多模态特征，使用机器学习方法构建分类模型或者特征学习模型。

大量的研究表明，相比于单一模态脑图像分析方法，多模态方法能获取多方面诊断信息，更有助于疾病诊断。本章针对多模态脑图像数据，结合数据挖掘最新研究成果，提出了多模态分类方法与多模态特征选择方法。随后的内容安排为：6.2 节介绍基于多核学习的多模态分类方法与相关实验结果；6.3 节介绍流形正则化多任务特征选择方法与相关实验结果；6.4 节对本章研究工作进行小结，并列出几个值得进一步研究的问题。

6.2 多模态分类

基于脑图像分析疾病诊断的一般过程是，首先从临床上采集一些原始的脑图像，由于这些图像通常是 3D 的、高维的，不能直接用于训练分类或回归的学习器，因此需要对这些原始的脑图像进行一系列预处理并提取特征。在此阶段，针对不同类型的疾病诊断，通常要进行图像校正、图像配准、图像分割等一系列的预处理，然后提取一种或多种类型的特征。文献[14]给出了详细的脑图像预处理以及特征提取过程。首先从原始脑图像提取出特征，接下来需要通过数据挖掘与机器学习方法进一步处理，最终设计出分类或回归的学习器。图 6-1 给出了数据挖掘技术应用于脑图像分析的一般框架。其中，特征学习经常被用于数据预处理，用于降低原始数据的维数以及过滤掉一些不相关或冗余特征，从而提高分类器的分类性能。

多模态数据 ⟶ 图像预处理 ⟶ 特征提取与选择 ⟶ 分类器学习

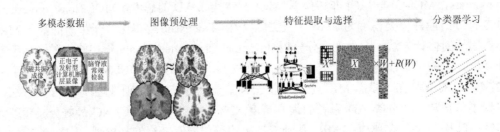

图 6-1 基于数据挖掘的脑图像分析一般框架

6.2.1 基于多核学习的多模态分类器

在实际临床诊断中，仅靠一种诊断方法确诊疾病难度较大且误诊率高，综合多种方法才能提高诊断的敏感度及特异性。目前，很多研究者发现，以当前广泛使用的脑图像检测为主，并辅助其他检测方法，如脑脊液中特定蛋白的定量测量等，能明显提高诊断的性能[17-20]。即使仅采用脑图像检测来诊断脑疾病，也需要综合多种类型的图像，利用不同类型图像之间的互补信息，才可降低误诊率。因此，构建有效的多模态数据融合方法是提高脑疾病诊断效率的关键。此外，从不同类型的脑图像与生物标志检测提取的特征维数往往不同,这种异质的多模态数据融合也是面临的一个挑战。在数据挖掘领域里,多核学习能很好地处理这种多模态数据融合问题,并在计算机视觉等应用领域中获得较好的性能。因此,本节讨论如何采用多核学习技术来融合异质的多模态数据(MRI、PET和 CSF)。

多核学习是从传统的单核学习支持向量机发展起来的。我们简单回顾一下单核学习支持向量机。首先,将原始空间中的线性不可分问题映射到高维甚至无穷维的特征空间中,而此时的高维特征空间中原来的线性不可分问题可能会变成线性可分问题。通常情况下,我们采用核诱导的方法生成映射函数。最后,我们在高维特征空间学习一个最大间隔超平面作为分界面。那么,多核学习支持向量机采用多类型的核函数进行映射,通过线性加权方法组合成新的核函数。其具体过程为:假定有 M 个模态数据,令 $X^{(m)}=\{x_i^{(m)}\}_{i=1}^N \in R^{N\times d}, m=1,\cdots,M$ 表示 N 个样本 M 种模态训练数据,其对应的类别标记为 $y_i \in \{1,-1\}$。多核学习支持向量机就是求解以下优化问题

$$\min_{w^{(m)},b,\xi_i} \frac{1}{2}\sum_{m=1}^M \beta_m \left\| w^{(m)} \right\|^2 + C\sum_{i=1}^N \xi_i \tag{6-2-1}$$
$$(w^{(m)})^{\mathrm{T}}\phi^{(m)}x_i^{(m)} + b \geqslant 1-\xi_i, \quad \xi_i \geqslant 0, \quad i=1,\cdots,N$$

其中, $w^{(m)}$ 表示超平面向量; $\phi^{(m)}$ 为核诱导映射函数; β_m 表示第 m 个模态的权值系数。类似于传统的单核支持向量机,目标函数式(6-2-1)的对偶形式为

$$\max_\alpha \sum_{i=1}^N \alpha_i - \frac{1}{2}\sum_{i,j}\alpha_i\alpha_j y_i y_j \sum_{m=1}^M \beta_m k^{(m)}(x_i^{(m)}, x_j^{(m)}) \tag{6-2-2}$$
$$\text{s.t. } \sum_{i=1}^N \alpha_i y_i = 0, \quad 0\leqslant \alpha_i \leqslant C, \quad i=1,\cdots,N$$

其中, $k^{(m)}(x_i^{(m)}, x_j^{(m)}) = \phi^{(m)}(x_i^{(m)})^{\mathrm{T}}\phi^{(m)}(x_j^{(m)})$ 为第 m 个模态上任意两个训练样本的核函数。优化问题式(6-2-2)与单核支持向量机的不同之处在于, $k(x_i,x_j) = \sum_m \beta_m k^{(m)}(x_i^{(m)}, x_j^{(m)})$, 也是就核函数 $k(x_i,x_j)$ 是由多个核函数线性加权组合而成的。而这样组合的好处是,多核方法可以转化为单核支持向量机的优化问题。此外,式(6-2-2)中多模态权值系数 β_m 对分类性能影响较大。当前现存的大多数算法采用联合迭代优化方法来优化参数 β_m、 α, 而本节采用网格搜索方法结合传统支持向量机,在训练集上通过交叉验证方式优化参数 β_m, 且满足条件 $\sum_m \beta_m = 1, 0\leqslant \beta_m \leqslant 1$。

6.2.2　实验结果

我们采用标准数据集(Alzheimer's Disease Neuroimaging Initiative, ADNI)来测试算法性能。ADNI 由国际老龄科学研究院(National Institute on Aging, NIA)、美国国家生物医学影像和生物工程研究所(National Institute of Biomedical Imaging and Bioengineering, NIBIB)、美国食品和药物管理局(Food and Drug Administration, FDA)、民营医药企业和非营利组织在 2003 年启动,投入资金 60 万美元。ADNI 的主要目标是测试是否能通过组合 MRI、PET、其他生物标志物,以及临床和神经心理学评估来测定 MCI 和早期 AD 的进展,从而帮助研究人员和医生部署新的治疗方案,有效降低

临床试验的时间和成本。

　　在本节研究中，我们使用了包含 MRI、PET 和 CSF 模态数据的共 202 个样本，其中 51 名 AD 患者，99 名 MCI 患者(包含 43 名 MCI 转换患者和 56 名 MCI 非转换患者)和 52 名认知正常人，表 6-1 给出了这些被试者的详细信息。对 ADNI 数据集中 MRI 和 PET 图像预处理的详细过程可以参阅文献[14]。

表 6-1　ADNI 样本的统计特性(均值±标准偏差)

	AD (*N*=51)	MCI (*N*=99)	HC (*N*=52)
Age	75.2±7.4	75.3±7.0	75.3±5.2
Education	14.7±3.6	15.9±2.9	15.8±3.2
MMSE	23.8±1.9	27.1±1.7	29.0±1.2
ADAS-Cog	18.3±6.0	11.4±4.4	7.4±3.2

注：MMSE=Mini-Mental State Examination, ADAS-Cog= Alzheimer's Disease Assessment Scale-Cognitive Subscale

　　在这个实验中，采用 10 折交叉验证策略来评价分类器的性能。具体来说：所有的样本被分为 10 等份，对每次交叉验证，取出 1 份用于测试，其余用于训练，总共进行 10 次交叉验证。为了避免因随机划分数据而造成任何偏倚(Bias)，这个过程被重复 10 次，因此可以对分类错误率产生无偏估计。支持向量机分类器采用 LIBSVM 工具包 (http://www.csie.ntu.edu.tw/~cjlin/libsvm/)，均采用线性核函数，参数确定为 $C=1$，其余参数均采用系统默认值。此外，对于优化多模态权值参数 β_m，其搜索范围是 $0 \leqslant \beta_m \leqslant 1$，步长为 0.1，在训练集上通过交叉验证搜索。特征归一化方法使用式 $f_i = (f_i - \bar{f}_i)/\sigma_i$ 进行计算，其中 $\bar{f}$ 表示任一样本的特征均值，σ_i 为对应的标准差。

实验 1：多模态分类方法与单模态方法性能比较

　　为了验证基于多核学习的多模态分类方法在多模态数据(Combined，MRI+CSF+PET)上的分类性能，我们分别测试该方法对于识别 AD/MCI 与 HC 之间的分类性能(三个指标：精度 ACC、敏感度 SEN、特异度 SPE)，并与单模态方法、Baseline 多模态方法进行比较。表 6-2 给出了以上分类方法三种分类指标的对比实验结果。其中，Baseline 多模态方法是指多模态特征(MRI：93 维、PET：93 维、CSF：3 维)共同连成一个 189 维特征向量，再采用支持向量机进行 AD/MCI 与 HC 的分类。表 6-2 中所有实验结果都是 10 次交叉验证求得的平均值。另外，图 6-2 也给出了多模态方法与单模态方法识别 AD/MCI 与 HC 的 ROC 曲线对比。从表 6-2 可以看出，识别 AD vs. HC 精度最高的是提出的多核学习多模态方法，其精度为 93.2%，AUC 为 0.976，而单模态方法中分类性能最好的是基于 PET 模态的方法，其精度为 86.5%，AUC 为 0.938；另外，对于识别 MCI vs. HC，多核学习多模态方法精度为 76.4%，AUC 为 0.809，而单模态方法分类性能最好的是基于 MRI 模态方法，其精度为 72%，AUC 为 0.762。以上实验结果表明，基于多模态的分类方法明显优于基于单模态的分类方法。

表 6-2　单模态与多模态方法的分类性能比较

Method	AD vs. HC			MCI vs. HC		
	ACC/%	SEN/%	SPE/%	ACC/%	SEN/%	SPE/%
MRI	86.2	86.0	86.3	72.0	78.5	59.6
CSF	82.1	81.9	82.3	71.4	78.0	58.8
PET	86.5	86.3	86.6	71.6	78.2	59.3
Combined	**93.2**	**93.0**	**93.3**	**76.4**	**81.8**	**66.0**
Baseline	91.5	91.4	91.6	74.5	80.4	63.3

注：AD=Alzheimer's Disease, MCI=Mild Cognitive Impairment, HC=Healthy Control, ACC= Classification Accuracy, SEN=Sensitivity, SPE=Specificity

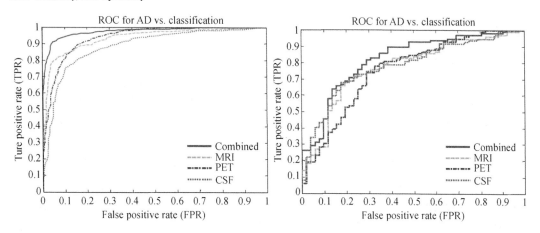

图 6-2　分类 AD 与 MCI 不同方法的 ROC 曲线图

　　另外，表 6-2 也给出了两种多模态方法(Combined 和 Baseline)分类性能的对比结果。表 6-2 的实验结果表明，两种多模态方法的分类性能都优于所有的单模态方法，而采用多核学习技术融合多模态的 Combined 方法优于直接连成高维特征向量的 Baseline 方法。这个结果也说明了多核学习能更有效地发掘出多模态数据之间互补的疾病诊断信息，而Baseline 方法对多模态互补信息的利用是不充分的。

实验 2：不同多模态分类方法性能比较

　　为了进一步验证多核学习多模态分类方法的性能，我们与 Hinrichs 等[21]提出的方法进行了比较。Hinrichs 等[21]的研究中采用了 114 个 ADNI 多模态数据(48AD+66 HC)，分别报道了图像多模态(MRI+PET)与全多模态(MRI+PET+CSF+APOE+Cognitive Scores)的分类结果。表 6-3 列出了我们提出的方法(103 ADNI，51 AD+52 HC)与 Hinrichs 等提出的方法在两组多模态数据上识别 AD vs. HC 的分类性能。表 6-3 的实验结果表明，在两组多模态数据中，我们提出的方法均优于 Hinrichs 等提出的方法。而在 Hinrichs 研究中的MRI+PET 模态上，除了采用 Baseline 数据之外，还采用了被试者的时序数据；在后一种多模态组上，Hinrichs 的研究中采用了 APOE 和 Cognitive Scores 两种模态数据。即便如此，表 6-3 的实验结果仍表明我们提出的方法在多模态数据上具有更好的分类性能。

表 6-3　不同多模态分类方法性能比较

Method	Modalities	ACC/%	SEN/%	SPE/%
Hinrichs et al. [21]	MRI+PET	87.6	78.9	93.8
	MRI+PET+CSF+APOE+CS	92.4	86.7	96.6
Proposed method	MRI+PET	**90.6**	**90.5**	**90.7**
	MRI+PET+CSF	**93.2**	**93.0**	**93.3**

注：CS=Cognitive Scores

6.3　多模态特征选择

6.3.1　基于流形正则化多模态特征选择

在多模态数据分析中，对每种模态数据，即使经过特征提取，仍然存在冗余或不相关的特征。因此，特征选择经常被用于移去这些冗余或不相关的特征。然而，由于大脑和疾病的复杂性，仅从单模态数据检测出所有与疾病相关的特征是非常困难的，特别是在疾病的早期阶段（即 MCI）。在机器学习领域，多模态学习、多任务学习或多视图学习已经引起了研究人员的广泛兴趣。在医学图像分析领域，研究人员提出利用多模态数据进行疾病诊断和分析[10, 12]。最近的研究表明，相对于单模态方法，利用模态之间的互补信息来整合多模态数据能够获得更好的分类性能。传统的特征选择方法（如 T-test）已经被用于从单模态数据中检测与疾病相关的脑区。然而，这些研究的一个不足是忽略了模态数据自身的分布信息，这可能影响到最终的分类性能。为了解决这一问题，本节提出一种基于多任务的联合特征选择方法。首先，把每个模态上的特征学习看成一个任务，考虑到不同模态的特征对应着相同的基础病理，利用组稀疏化项，保证只有少数的特征能被联合地从多模态数据中选取。其次，引入一个流形正则化项，保留了模态数据的分布信息，从而帮助选择出更具有判别力的特征。进一步，将提出的方法推广到半监督学习情况，在实践中这是非常重要的，原因是获得标签数据（即疾病的诊断）通常是昂贵且费时的，而采集模态数据则相对容易。最后，采用加速近似梯度（Accelerated Proximal Gradient，APG）算法来优化所提出的模型。

多任务学习（Multi-Task Learning, MTL）的目标是通过联合地学习一组相关任务来改善学习算法的推广性能[22, 23]。已有研究表明，与单独学习每个任务相比，同时学习多组相关任务由于能够利用任务之间的相关性，经常能获得更好的性能[22]。例如，Zhang 等[10]提出一种特征学习框架用于对多模态数据联合地进行回归和分类，获得了很好的性能。

假定有 M 个监督学习任务（即 M 个模态）。令 $\{X^m = [x_1^m, x_2^m, \cdots, x_N^m]^T \in R^{N \times d}\}$，$m = 1, \cdots, M$ 表示 N 个样本 M 种模态训练数据，其中 d 是每种模态的数据维数，让 $Y = [y_1, y_2, \cdots, y_N]^T \in R^N$ 表示 N 个样本对应的响应向量，并且 $y_i \in \{+1, -1\}$，表示对应的类标签（分别表示患者和正常人）。注意到来自相同样本不同模态的数据具有相同类标签。让 $w^m \in R^d$ 表示在第 m 个任务上线性函数的权重向量，则线性多任务特征选择（Multi-Task Feature Selection, MTFS）模型求解如下目标函数[10,22]

$$\min_W \frac{1}{2} \sum_{m=1}^{M} \left\| Y - X^m w^m \right\|_2^2 + \beta \|W\|_{2,1} \qquad (6\text{-}3\text{-}1)$$

其中，$W = [w^1, w^2, \cdots, w^M] \in R^{d \times M}$ 是一个权重矩阵，每行 w_j 表示在所有任务上与第 j 个特征相关的系数向量。式 (6-3-1) 中第一项是损失函数，这里采用平方损失函数；第二项是组稀疏化（Group-Sparsity）正则化项，$\|W\|_{2,1} = \sum_{j=1}^{d} \|w_j\|_2$ 是一个 $\ell_{2,1}$ 范式，其权重矩阵 W 中许多行的值为 0，那些非 0 行所对应的特征将被选择。因此，采用 $\ell_{2,1}$ 范式将会使少量的特征从多个任务中被联合地选择。β 是正则化参数，其目的是平衡式 (6-3-1) 中两项之间的相对贡献，较大的 β 值将会保留较少量的特征。当只有一个任务（即 $M=1$）时，该模型退化为 LASSO 模型。

在 MTFS 模型中，采用线性映射函数把数据从高维空间投影到一维空间。对每个任务，该模型仅考虑了数据和类标签的关系，而忽略了数据之间的相互依赖，这会导致同类或相似的数据映射后可能产生较大的偏差。为了解决这个问题，我们引入了一个新的正则化项

$$\min_W \sum_{m=1}^{M} \sum_{i,j}^{N} \left\| f(x_i^m) - f(x_j^m) \right\|_2^2 S_{i,j}^m = 2 \sum_{m=1}^{M} (X^m w^m)^{\mathrm{T}} L^m (X^m w^m) \qquad (6\text{-}3\text{-}2)$$

其中，$S^m = [S_{ij}^m]$ 表示定义在第 m 个任务上的相似矩阵；$L^m = D^m - S^m$ 是对应的 Laplacian 矩阵，D^m 是对角矩阵，其中 $D_{ii}^m = \sum_{j=1}^{N} s_{ij}^m$。在本节研究中，相似矩阵 S^m 定义为

$$S_{i,j}^m = \begin{cases} 1, & \text{如果} x_i^m \text{和} x_j^m \text{来自同一个类} \\ 0, & \text{其他} \end{cases} \qquad (6\text{-}3\text{-}3)$$

式 (6-3-1) 中的正则化项可以解释如下：如果样本 x_i^m 和 x_j^m 来自同一个类，则 $f(x_i)$ 与 $f(x_j)$ 之间距离就很小。容易看出，式 (6-3-1) 旨在保存映射后同类样本的局部近邻结构。

基于式 (6-3-2)，提出了一种新的基于流形正则化多任务特征选择模型（Manifold regularized Multi-task Feature Selection Model, M2TFS），其目标函数如下

$$\min_W \frac{1}{2} \sum_{m=1}^{M} \left\| Y - X^m w^m \right\|_2^2 + \beta \|W\|_{2,1} + \gamma \sum_{m=1}^{M} (X^m w^m)^{\mathrm{T}} L^m (X^m w^m) \qquad (6\text{-}3\text{-}4)$$

其中，β 和 γ 是两个大于 0 的常数，它们的值可以在训练数据上通过交叉验证来确定。在式 (6-3-4) 提出的 M2TFS 模型中，组稀疏化项保证了只有少数的特征能被联合地从多任务中选取，而 Laplacian 正则化项通过融入每个类的标签信息而保留了每个模态数据的判别信息，从而帮助选择出更具有判别力的特征。

在临床上，由于获得标签数据（即疾病的诊断）通常是昂贵且费时的，而采集模态数据则相对容易，所以有大量未标记数据可利用。另外，在机器学习领域，半监督学习通过探索无标签数据自身分布从而帮助构建一个好的学习模型[24]。为了充分利用未标记样本，我们通过重新定义相似性矩阵来探索数据的分布信息，并把前面提出的 M2TFS 模

型推广到半监督学习场景。具体而言，首先定义对角矩阵 $P \in R^{N \times N}$ 用于指示有标签数据和无标签数据，即如果样本 i 的类标签是未知的，则 $P_{ii} = 0$，否则 $P_{ii} = 1$。其次用下面的函数重新定义相似性矩阵

$$S_{ij}^m = \exp\left[\frac{-\mathrm{dist}(x_i^m, x_j^m)}{t}\right] \tag{6-3-5}$$

其中，$\mathrm{dist}(x_i^m, x_j^m) = \left\| x_i^m - x_j^m \right\|^2$；$t$ 是一个自由参数，可以根据经验来调整。

　　根据式 (6-3-5) 中新定义的相似性矩阵，可以重新解释式 (6-3-1) 如下：样本 x_i^m 和 x_j^m 越相似，则 $f(x_i)$ 与 $f(x_j)$ 之间的距离就越小。根据这个定义，可以看出式 (6-3-2) 保留了在映射过程中原始数据的几何分布信息。最终，扩展的半监督 M2TFS (semi-M2TFS) 模型如下

$$\min_W \frac{1}{2}\sum_{m=1}^{M}\left\| P(Y - X^m w^m)\right\|_2^2 + \beta\|W\|_{2,1} + \gamma\sum_{m=1}^{M}(X^m w^m)^{\mathrm{T}} L^m (X^m w^m) \tag{6-3-6}$$

其中，L^m 是由重新定义的 S^m 构建的 Laplacian 矩阵。直觉上，在式 (6-3-6) 中第一项只利用标签数据，是监督学习，而最后一项利用了所有数据，包括有标签数据和无标签数据，其利用了所有原始数据的几何分布信息。值得注意的是，式 (6-3-4) 只是式 (6-3-6) 的一种特殊情况。我们提出使用加速近似梯度 (APG) 算法[25,26]来优化式 (6-3-6) 中的目标函数。

6.3.2　实验结果

　　本节我们仍然采用标准数据集 ADNI 来测试算法性能，同样使用了包含 MRI、PET 和 CSF 模态的数据总共 202 个样本。表 6-1 给出了这些被试者的详细信息。对 ADNI 数据集中 MRI 和 PET 图像预处理的详细过程可以参阅文献[14]。在这个实验中，仍采用与 6.2 节相同的 10-折交叉验证策略来评价分类器的性能。

　　实验 1：全监督分类

　　为了衡量本章提出的 M2TFS 方法，我们选择现阶段多模态方法与提出的方法进行比较，主要包括：Zhang 等[14]提出的多模态 (Multi-Modality) 方法 (表示为 MM 和 MML，分别对应没有执行特征选择和利用 LASSO 方法进行特征选择)。Zhang 等[10]提出了多任务特征选择方法 (表示为 MTFS)。另外，为更好地比较，我们也将从五个阈值化连接网络中提取所有的特征构成一个长的特征向量，并分别执行 T-test、LASSO 和顺序向前移动选择 (Sequential Floating Forward Selection, SFFS) 三种特征选择方法 (分别表示为 T-test、LASSO 和 SFFS)。在所有方法中均采用线性 SVM 进行分类。表 6-4 总结了所有方法的分类结果。

表 6-4　M2TFS 方法与其他相关方法的分类性能比较

Method	AD vs. HC				MCI vs. HC				MCI-C vs. MCI-NC			
	ACC /%	SEN /%	SPE /%	AUC	ACC /%	SEN /%	SPE /%	AUC	ACC /%	SEN /%	SPE /%	AUC
LASSO	91.0	90.4	91.4	0.95	73.4	76.5	67.1	0.78	58.4	52.3	63.0	0.60
T-test	90.9	91.6	90.0	0.97	73.0	78.1	63.1	0.77	59.1	53.5	63.6	0.64

续表

Method	AD vs. HC				MCI vs. HC				MCI-C vs. MCI-NC			
	ACC /%	SEN /%	SPE /%	AUC	ACC /%	SEN /%	SPE /%	AUC	ACC /%	SEN /%	SPE /%	AUC
SFFS	86.8	87.1	86.2	0.93	69.2	82.1	45.4	0.73	56.3	44.4	64.8	0.55
MM	91.7	92.9	90.2	0.96	74.3	85.4	53.5	0.78	59.7	46.3	69.6	0.60
MML	92.3	92.2	92.1	0.96	73.8	77.3	**66.9**	0.77	61.7	54.2	67.0	0.61
MTFS	92.1	91.8	92.1	0.95	74.2	81.3	60.2	0.77	61.6	57.2	65.4	0.62
M2TFS	**95.0**	**94.9**	**95.0**	**0.97**	**79.3**	**85.9**	66.5	**0.82**	**68.9**	**64.7**	**71.8**	**0.70**

注: ACC=Accuracy, SEN=Sensitivity, SPE=Specificity

从表 6-4 可以看出,本章提出的方法在三个分类组中一致好于比较的方法。在 AD vs. HC、MCI vs. HC 和 MCI-C vs. MCI-NC 三个分类组中,本章提出的方法分别获得了 95.0%、79.3% 和 68.9% 的分类精度,而比较的方法中最好的分类精度分别是 92.3%、74.3% 和 61.7%。本章提出的方法在三个分类组上获得的敏感度也高于比较的方法。进一步,本章提出的方法在三个分类组上获得的 AUC 值分别是 0.97、0.82 和 0.70,表明选择的特征具有非常好的诊断能力。

进一步,为了寻找最具有判别力的特征,我们统计了所有交叉验证中出现频率最高的 12 个特征。这些特征包括如海马(Hippocampus)、杏仁核(Amygdala)、海马旁回(Parahippocampus)和颞极(Temporal Pole)等已被广泛认为可能与 AD 是相关的脑区[27-33]。图 6-3 在大脑模板空间画出了这些脑区。

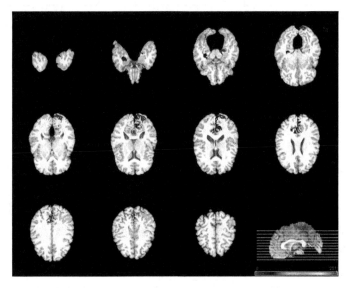

图 6-3　在 MCI 和 NC 分类中出现频率最高的 12 个 ROI

实验 2: 半监督分类

为了验证前面提出的 semi-M2TFS 方法的分类性能。我们把样本分为两部分,一部分作为有标签数据,另一部分作为无标签数据。首先固定 $r_1=50\%$ 的正例样本和负例样本作为有标签数据，其余作为无标签样本。并采用 10-折交叉验证策略评价分类的性能。具体而言，就是把有标签数据划分为 10 等份，在每次交叉中，90%的有标签数据和所有无标签数据用于训练模型，剩余 10%的有标签数据和所有无标签数据用于测试。这个过程也被重复 10 次，避免因随机划分有标签数据和无标签数据而造成分类结果偏倚。我们仍然比较了在全监督分类中提到的方法。表 6-5 给出了这些方法的分类结果。从表 6-5 可以看出，提出的 semi-M2TFS 方法比全监督方法能进一步改善分类性能，包括分类精度、敏感度和 AUC 值。这表明提出的半监督方法能利用原始数据几何分布信息获得更好的分类模型。

表 6-5　semi-M2TFS 方法与其他相关方法的分类性能比较

Method	AD vs. HC				MCI vs. HC				MCI-C vs. MCI-NC			
	ACC /%	SEN /%	SPE /%	AUC	ACC /%	SEN /%	SPE /%	AUC	ACC /%	SEN /%	SPE /%	AUC
LASSO	87.8	86.9	88.7	0.95	69.0	73.6	**60.1**	0.73	54.6	53.1	55.7	0.57
T-test	88.6	90.9	86.4	0.96	72.1	80.5	56.2	0.75	55.3	51.2	58.5	0.57
SFFS	83.5	83.2	83.8	0.91	66.9	80.1	42.1	0.68	54.9	48.5	59.8	0.56
MM	87.6	89.5	85.6	0.94	71.5	86.9	42.3	0.73	57.5	46.8	65.4	0.58
MML	86.5	85.7	87.4	0.93	71.6	77.8	59.9	0.75	56.6	53.2	59.2	0.57
MTFS	87.6	86.9	88.3	0.94	71.6	79.9	55.9	0.73	56.5	50.0	61.4	0.56
M2TFS	89.3	85.8	**92.6**	0.95	73.0	**89.4**	42.0	0.75	58.4	**55.7**	60.3	0.58
semi-M2TFS	**90.4**	**90.9**	89.7	**0.95**	**75.0**	84.7	56.8	**0.77**	**60.6**	47.7	**70.2**	**0.61**

6.4　结　　论

　　基于脑图像的脑疾病早期诊断是当前研究的一个热点，具有重要意义。数据挖掘作为一种有效的数据分析与处理技术，近年来被广泛应用于脑图像分析之中。最初阶段，研究者更多地关注单模态脑图像分析方法。由于从单模态脑图像上获取的脑疾病诊断信息有限，研究者逐渐开始关注多模态脑图像分析方法的研究，并提出了很多基于多模态脑图像的分析方法。本章正是基于以上背景，介绍了多核学习多模态分类方法、多模态流形正则化特征选择方法。在标准数据集 ADNI 上的实验结果验证了上述方法的有效性。

　　目前，在基于数据挖掘的多模态脑图像分析方面还有很多值得进一步研究的问题。例如，在数据挖掘中有很多无监督学习方法被提出，其中有些方法被成功应用于计算机视觉等领域。此外，很多研究者认为人类的学习方式就是遵循无监督学习原理，通过无监督学习方式能获得更具推广性的特征。临床医学上有大量的无标记图像可利用，因此构建无监督的特征选择和分类模型更符合医学诊断的实际情况。同时，多模态数据缺失现象普遍存在于脑图像分析中，所以需要研究不完全多模态数据的特征学习算法，以进一步提高算法的推广性。此外，脑图像预处理以及特征提取是脑疾病诊断前期的重要步骤。从原始脑图像提取的特征质量很大程度上决定了后续学习器的性能。很多研究表明，提取多种类型的特征能明显提高脑疾病的诊断性能。

参 考 文 献

[1] Nho K, Shen L, Kim S, et al. Automatic prediction of conversion from mild cognitive impairment to probable Alzheimer's disease using structural magnetic resonance imaging[C]// Proceedings of AMIA Annual Symposium, 2010: 542-546.

[2] Duchesne S, Mouiha A. Morphological factor estimation via high-dimensional reduction: Prediction of MCI conversion to probable AD[J]. International Journal of Alzheimer's Disease, 2011: 914085.

[3] Cho Y, Seong J K, Jeong Y, et al. Individual subject classification for Alzheimer's disease based on incremental learning using a spatial frequency representation of cortical thickness data[J]. NeuroImage, 2012,59: 2217-2230.

[4] Li H, Liu Y, Gong P, et al. Hierarchical interactions model for predicting mild cognitive impairment（MCI）to Alzheimer's disease（AD）conversion[J]. PLoS One, 2014, 9: e82450.

[5] Zhu X, Suk H, Shen D. A novel matrix-similarity based loss function for joint regression and classification in AD diagnosis[J]. NeuroImage, 2014, 100: 91-105.

[6] Da X, Toledo J B, Zee J, et al. Integration and relative value of biomarkers for prediction of MCI to AD progression: Spatial patterns of brain atrophy, cognitive scores, APOE genotype and CSF biomarkers[J]. NeuroImage: Clinical, 2014, 4: 164-173.

[7] Trzepacz P T, Yu P, Sun J, et al. Comparison of neuroimaging modalities for the prediction of conversion from mild cognitive impairment to Alzheimer's dementia[J]. Neurobiology of Aging, 2014, 35: 143-151.

[8] Cheng B, Zhang D, Chen S, et al. Semi-supervised multimodal relevance vector regression improves cognitive performance estimation from imaging and biological biomarkers[J]. Neuroinformatics, 2013, 11: 339-353.

[9] Wolz R, Julkunen V, Koikkalainen J, et al. Multi-method analysis of MRI images in early diagnostics of Alzheimer's disease[J]. PLoS One, 2011, 6: e25446.

[10] Zhang D, Shen D, ADNI. Multi-modal multi-task learning for joint prediction of multiple regression and classification variables in Alzheimer's disease[J]. NeuroImage, 2012, 59: 895-907.

[11] Zhang D, Shen D, Initia A D N. Predicting future clinical changes of MCI patients using longitudinal and multimodal biomarkers[J]. PLoS One, 2012, 3: e33182.

[12] Liu F, Wee C Y, Chen H F, et al. Inter-modality relationship constrained multi-modality multi-task feature selection for Alzheimer's Disease and mild cognitive impairment identification[J]. NeuroImage, 2014, 84: 466-475.

[13] Jie B, Zhang D, Cheng B, et al. Manifold regularized multitask feature learning for multimodality disease classification[J]. Human Brain Mapping, 2015, 36: 489-507.

[14] Zhang D, Wang Y, Zhou L, et al. Multimodal classification of Alzheimer's disease and mild cognitive impairment[J]. NeuroImage, 2011, 55: 856-867.

[15] Suk H, Lee S W, Shen D G ,et al. Hierarchical feature representation and multimodal fusion with deep learning for AD/MCI diagnosis[J]. NeuroImage, 2014, 101: 569-582.

[16] Yuan L, Wang Y L, Thompson P M, et al. Multi-source feature learning for joint analysis of incomplete multiple heterogeneous neuroimaging data[J]. NeuroImage, 2012, 61: 622-632.

[17] Bouwman F H, Schoonenboom S N M, van der Flier W M, et al. CSF biomarkers and medial temporal lobe atrophy predict dementia in mild cognitive impairment[J]. Neurobiology of Aging, 2007, 28: 1070-1074.

[18] Fjell A M, Walhovd K B, Fennema-Notestine C, et al. CSF biomarkers in prediction of cerebral and clinical change in mild cognitive impairment and Alzheimer's disease[J]. Journal of Neuroscience, 2010, 30: 2088-2101.

[19] Bouwman F H, van der Flier W M, Schoonenboom N S M, et al. Longitudinal changes of CSF biomarkers in memory clinic patients[J]. Neurology, 2007, 69: 1006-1011.

[20] Lehmann M, Koedam E L, Barnes J, et al. Visual ratings of atrophy in MCI: Prediction of conversion and relationship with CSF biomarkers[J]. Neurobiology of Aging, 2013, 34（1）: 73-82.

[21] Hinrichs C, Singh V, Xu G F, et al. Predictive markers for AD in a multi-modality framework: An analysis of MCI progression in the ADNI population[J]. NeuroImage, 2011, 55: 574-589.

[22] Argyriou A, Evgeniou T, Pontil M. Convex multi-task feature learning[J]. Machine Learning, 2008, 73: 243-272.

[23] Obozinski G, Taskar B, Jordan M I. Joint covariate selection and joint subspace selection for multiple classification problems[J]. Statistics and Computing, 2010, 20: 231-252.

[24] Zhu X, Goldberg A B. Introduction to Semi-supervised Learning[M]. San Rafael: Morgan &Claypool, 2009.

[25] Beck A, Teboulle M. A fast iterative shrinkage-thresholding algorithm for linear inverse problems[J]. SIAM Journal on Imaging Sciences, 2009, 2: 183-202.

[26] Liu J, Ye J. Efficient L1/Lq Norm regularization[R]. Arizona State University, 2009.

[27] Wolf H, Jelic V, Gertz H J, et al. A critical discussion of the role of neuroimaging in mild cognitive impairment[J]. ACTA Neurologica Scandinavica, 2003, 107: 52-76.

[28] Poulin S P, Dautoff R, Morris J C, et al. Amygdala atrophy is prominent in early Alzheimer's disease and relates to symptom severity[J]. Psychiatry Research-Neuroimaging, 2011, 194: 7-13.

[29] Solodkin A, Chen E E, van Hoesen G W, et al. In vivo parahippocampal white matter pathology as a biomarker of disease progression to Alzheimer's disease[J]. Journal of Comparative Neurology, 2013, 521: 4300-4317.

[30] Wang C, Stebbins G T, Medina D A, et al. Atrophy and dysfunction of parahippocampal white matter in mild Alzheimer's disease[J]. Neurobiol Aging, 2012, 33: 43-52.

[31] Nobili F, Salmaso D, Morbelli S, et al. Principal component analysis of FDG PET in amnestic MCI[J]. Eur J Nucl Med Mol Imaging, 2008, 35: 2191-2202.

[32] Del Sole A, Clerici F, Chiti A, et al. Individual cerebral metabolic deficits in Alzheimer's disease and amnestic mild cognitive impairment: An FDG PET study[J]. Eur J Nucl Med Mol Imaging, 2008, 35: 1357-1366.

[33] Derflinger S, Sorg C, Gaser C, et al. Grey-matter atrophy in Alzheimer's disease is asymmetric but not lateralized[J]. Journal of Alzheimers' Disease, 2011, 25: 347-357.

第7章　脑网络分析

7.1　脑网络分析概述

人脑的结构和功能极其复杂，理解大脑的运转机制是 21 世纪人类面临的最大挑战之一。为此，世界各国均投入了大量的人力和物力进行研究。例如，美国和欧盟分别投入 38 亿美元和 10 亿欧元启动大脑研究计划[1]。脑科学研究成果一方面将为人类更好地了解大脑、保护大脑、开发大脑潜能等方面做出重要贡献，另一方面有助于加深对阿尔茨海默病及其早期阶段，即轻度认知功能障碍、帕金森综合征(Parkinson's Disease，PD)等脑疾病的理解，找到一系列神经性疾病的早期诊断和治疗新方法。

大量医学和生物方面的研究成果表明，人的认知过程通常依赖于不同神经元和脑区间的交互[2]。近年来，现代成像技术，如磁共振成像和正电子发射断层扫描等提供了一种非侵入式的方式来有效探索人脑及其交互模式[3]。

从脑影像数据可进一步构建脑网络，由于脑网络能从脑连接层面刻画大脑功能或结构的交互[4,5]，脑网络分析已成为近年来脑影像研究中的一个热点。目前，脑网络分析研究主要包括：①探索大脑区域之间结构性和功能性连接关系[2,6,16]；②分析一些脑疾病所呈现的非正常连接，从而寻找可能对疾病敏感的一些生物标记[4,7,8]。由于增加了具有生物学意义测量的可靠性，从脑影像中学习连接特性对识别基于图像的生物标记展现了潜在的应用前景。

脑网络是对大脑连接的一种简单表示。在脑网络中，节点通常被定义为神经元、皮层或感兴趣区域(Region-of-Interest，ROI)，而边对应着它们之间的连接模式。根据边的构造方式，可以把脑网络分为以下两种[4]：①结构性连接网络，指不同神经元之间医学结构上的连接模式[9,10]，其边一般是(神经元的)轴突或纤维；②功能性连接网络，是指大脑区域间功能关联模式，其可以通过测量来自于功能性磁共振成像(functional MRI，fMRI)或脑电/脑磁(EEG / MEG)数据的神经电生理活动时序信号而获得[4,11]。如果构建的连接网络的边是有向的，则又称为有效连接网。

脑网络分析提供了一个新的途径来探索脑功能障碍与脑疾病相关的潜在结构性破坏之间的关联[4,7,8]。已有研究证据表明，许多神经和精神疾病能被描述为一些异常的连接，表现为大脑区域之间连接中断或异常整合[3,5,11]。例如，AD 患者功能性连接网络的小世界特性发生了变化，反映出系统的完整性已被破坏[12]。同时，AD 和 MCI 患者的海马与其他脑区的连接以及额叶和其他脑区的连接也已改变[13]。

目前，有关脑网络分析的研究可以大致分为两方面：①基于特定假设驱动的群组差异性测试，如小世界网络[9,12]、默认模式网络[14,15]和海马网络等；②基于机器学习方法的个体分类和预测[17]。

在上述第一方面研究中，研究工作主要集中在利用图论分析方法寻找疾病在脑网络功能上的障碍，从而揭示患者大脑和正常人大脑之间的连接性差异[3]。通过使用组对比分析的方法，一些研究者已经研究了 AD/MCI 的大脑网络，并在各种网络中发现了一些非正常连接，包括默认模式网络[14,15]以及其他静息态网络[18,19]。另外，研究者也分析和发现了精神分裂症中一些非正常的功能性连接[20]。然而，这一类研究主要的限制是一般只寻找支持某种驱动假设的证据，而不能自动完成对个体的分类[18,21]。

在第二方面研究工作中，机器学习方法被用来训练分类模型，从而能够精确地对个体进行分类。例如，研究者利用弥散张量图像（Diffusion Tensor Imaging，DTI）和 fMRI 构建网络学习模型用于 AD 和 MCI 分类研究。另外，研究者也基于脑网络模型开展其他脑疾病研究，如精神分裂症[26]、儿童自闭症[27]、网络成瘾[28]和抑郁症[29]等。由于能够从数据中自动分析获得规律，并利用规律对未知数据进行预测，以及辅助寻找可能对疾病比较敏感的生物标记，基于机器学习的脑网络分析已成为一个新的研究热点，并引起了越来越多研究者的兴趣。

特征学习是脑网络分析中的关键步骤，为下一步网络分类提供了数据基础。学习特征的好坏直接影响后面识别算法的性能，好的特征所带来的性能提升甚至远大于好的识别算法的设计。脑网络数据是一种结构化数据，其中包含大量低层次特征，而通常能够获得的样本个数非常少，是典型的小样本问题。如何利用这些大量低层次特征，既取得好的分类效果，又能帮助寻找对疾病比较敏感的细小生物标志，将是非常具有挑战性的任务。为了解决这一问题，通常的做法是，首先从脑网络数据中提取一些有意义的网络局部测量（如聚类系数、节点的度及分布、边的权重及分布和最短路径等）作为特征。而后，利用机器学习领域中的特征选择算法过滤掉对分类不重要的特征，保留对分类和理解疾病非常重要的特征。这样，一方面能够提高对疾病分类的精确度，另一方面可以帮助寻找一些对疾病比较敏感的生物标记，从而更好地理解疾病和对疾病进行诊断。

然而，即使经过特征提取和特征选择，由于大脑和疾病的复杂性，仅仅从单模态中寻找对疾病敏感的生物标志是非常困难的。最近，基于多模态方法提供了一个新途径。一方面，在实际诊断当中，为了完成对疾病的精确诊断，通常需要采用患者的多模态数据（如 MRI 和 PET 等）。另一方面，在机器学习领域，多任务、多视图或多模态方法已经被广泛研究和应用[33-35]。因此，利用多模态方法也许可以发现以前仅利用单模态数据无法发现的信息，从而帮助更好地分类和理解疾病病理。

脑网络本质上是一个图，除了可以借助一般图工具来分析脑网络外，还可以利用新出现的一些高级工具（如图核）对脑网络进行分析。图不同于一般的特征向量，无法直接计算两个图之间的距离（也就是相似性）。因此，在图理论分析中，一个基础性挑战问题是如何测量两个图之间的相似性，核方法提供了一个非常自然的框架。在文献[29]和文献[30]中，图核（Graph Kernel）已被提出用于测量两幅图之间的相似性。在图核构建中，一个关键性问题是如何提取能反映图结构的一些基础性信息。目前，大都通过提取和测量图局部或整体的结构特性来构建图核。在机器学习领域，许多图核已经被构建出来，并取得了很好的应用。但在神经影像学领域，据我们的知识，只有很少的工作探索了图核的研究和应用。另外，注意到如果考虑到脑网络节点上的信息，脑网络不同于一般的图，即在连接网络中每个节点都具有唯一性，唯一对应着一个神经元或感兴趣的区域，这使得现有的图核不能很好地刻画脑网络的这些特性。Vishwanathan 等[29]定义图核主要针对图中边有标签的情况，Feragen 等[31]定义图核主要针对节点标签是连续值的情况。其他图核，如 Weisfeiler-Lehman 子树核[30,32]是基于 Weisfeiler-Lehman 图同构测试而构建的。然而，注意到，在脑网络中，如果考虑节点的唯一性信息，那么两个网络要么相同，要么不同，不存在同构问题。据我们所知，目前还没有提出专门针对脑网络这种特定图而构建的图核。因此，如何构建适用于测量脑网络相似性的图核是有待解决的问题之一。

7.2　基于拓扑结构的结构化特征选择

本节我们讨论一个新的网络分析工具，以此来探索大脑功能性障碍与疾病相关的基础结构破坏之间的关系。一系列的研究发现，一些脑疾病(如 AD 和 MCI)不仅仅和单个或几个脑区不正常有关，也与大脑区域之间连接不正常有关。因此，从神经影像中学习连接特性对识别基于图像的生物标记展现了潜在的应用前景。

机器学习由于能够自动完成对个数的分类，已经被应用到脑网络分析中。例如，Wee 等[36]基于白质(White Matter)连接网络提出一种有效的网络分类框架来识别 MCI 患者。Shen 等[37]设计了一种基于数据驱动的分类器，用于分类精神分裂症患者和正常人。在基于连接网络的分类方法中，通常涉及两个主要步骤：①从网络中提取有意义的特征，并执行特征选择；②利用选择的特征训练分类器进行分类。其中，特征选择对提高分类器的性能和寻找一些对疾病敏感的生物标志是非常重要的一步。然而，在已有的方法中，通常将提取的特征(如网络的局部测量[17,22,39]或边的权重[23])拉成一个长的特征向量用于随后的特征选择和分类，却丢失了一些与疾病相关的有用的网络结构信息(如局部的和全局的拓扑结构)，这可能降低最终的分类性能。

为了解决上述问题，本章基于功能性网络的局部测量和网络拓扑结构信息，提出一种基于拓扑结构的结构化特征选择方法 RFE-GK，并用于精确地识别 MCI 患者。所提方法的关键是使用了一个新的工具——图核[29, 30]来测量两个功能连接网络之间的相似性。具体而言，首先，利用多个阈值来阈值化功能性连接网络，从而反映出多层次的网络结构。这里，多层次表示大阈值将保留少的连接，从而网络更加稀疏。其次，对每个阈值化网络，首先过滤掉一些不相关的 ROI 特征，并利用保留的 ROI 来构建一个子网，紧接着利用新提出的基于图核的递归特征消除 (Recursive Feature Elimination Method Based on Graph Kernel，RFE-GK)算法进一步选择特征。在 RFE-GK 算法的每一步迭代中，利用保留的 ROI 特征来构建子网，利用基于图核的 SVM 选择最具有判别力的特征。最终利用多核 SVM(Multi-Kernel SVM)技术[22]融合来自多个阈值化网络的特征，从而完成对 MCI 患者的分类。需要注意的是，使用多阈值连接网络的想法已经被 Zanin 等[39]提出过。

7.2.1　方法的框架

基于拓扑结构的特征选择包括三个主要步骤：①图像预处理和功能连接网络的构

建；②特征提取和特征选择；③分类。

图像预处理包括时间片(Slice Timing)矫正和头动矫正。利用统计参数映射软件包
(Statistical Parametric Mapping software package, SPM8)(http://www.fil.ion.ucl.ac.uk. spm)
来完成图像预处理。具体而言，对每个样本，丢弃前 10 幅 fMRI，以确保磁化平衡。对
保留的 140 幅图像首先进行切片间采集时间延迟上的矫正，紧接着进行头部运动矫正，
消除头部运动的影响。由于脑室(Ventricle)区域和白质(WM)区域包含相对较高的噪
声[58]，我们仅利用灰质(Gray Matter，GM)提取血氧水平依赖(the Blood Oxygenation
Level Dependent，BOLD)信号来构建功能连接网络，即首先把每个样本的 T1 加权图像
分割为 GM、WM 和脑脊液(CSF)。为了消除 WM 和 CSF 可能的影响，每个样本 GM
组织被进一步用于罩化(Mask)它们对应的 fMRI。fMRI 时间序列的第一次扫描被配准到
同一样本的 T1 加权图像，所估计的变换被应用到相同样本其他时间序列。矫正后的 fMRI
首先利用 HAMMER 的变形配准方法[40]将其配准到同一模板空间，并利用自动化解剖学
标签(Automated Anatomical Labeling，AAL)模板[41]把其划分为 90 个感兴趣的区域
(ROI)。最终，对每个 ROI，所有体素(Voxel)上平均 fMRI 时间序列被作为该 ROI 的时
间序列。每个平均时间序列在频率区间[0.025Hz≤f≤0.100Hz]进行带通滤波。对每个样
本，构建一个功能连接网络，其中节点对应 ROI，而节点上时间序列的 Pearson 相关系
数作为边的权重。最后，对连接网络(矩阵)的元素执行 Fisher 的 Z 变换，以改善相关系
数的正态性，即

$$z = 0.5[\ln(1+r) - \ln(1-r)] \tag{7-2-1}$$

其中，r 是 Pearson 相关系数；z 是近似正态分布，其标准差 $\sigma_z = 1/\sqrt{n-1}$，n 是 ROI 的
个数。进一步，为提取有意义的网络测量，所有负相关都被置为 0。

由于功能性连接网络本质上是一个全连接权重网络，为了反映多层次的网络拓扑结
构，我们采用多个不同值同时阈值化连接网络。对阈值化后的连接网络，提取局部聚类
系数作为特征用于随后的特征选择和分类。在特征选择步骤中，采用两步分层的方法选
择最优特征。具体而言，T-test 特征选择方法首先被用来过滤掉一些对区分 MCI 和 NC
不重要的特征。紧接着，利用提出的基于图核的递归特征消除算法进一步选择最优特征
子集。最终，利用多核 SVM 技术来执行分类。

7.2.2　Weisfeiler-Lehman 子树核

在机器学习和模式分类的各种方法中，核方法是非常通用的框架。其基本思想
是隐含地把输入数据映射到高维特征空间，从而使数据在高维特征空间中更容易线
性可分[42]。给定样本 x 和 x'，核能被定义为 $K(x,x') = \langle \phi(x), \phi(x') \rangle$。其中，$\phi$ 是将数
据从数据空间映射到特征空间的映射函数。常用的核函数有线性核和 RBF 核，其定
义分别如下

$$K(x,x') = \langle x, x' \rangle \tag{7-2-2}$$

$$K(x,x') = \exp\left(-\frac{\|x - x'\|^2}{2\sigma^2}\right) \tag{7-2-3}$$

一旦定义了核函数,许多基于核的方法,如支持向量机[43]能被直接使用。除了向量,核也能定义在一些复杂数据类型上,如图,相应的核称为图核[29,30]。研究人员已经构建了一系列的图核[44,45]。图核也已经被应用到许多实际问题中,如图像分类[46,47]、蛋白质功能预测[48,49]等。最近,研究人员还将其应用到神经影像研究中[50]。

首先介绍图的一些基本概念。图由有序对组成,即 $G=\{V, E\}$,其中 V 表示节点集合,E 表示有穷边集合。如果边没有方向则称为无向图,否则称为有向图。标记图是图中每个节点都有标签。路(Walk)是由有限相邻节点组成的集合,而路径(Path)是其中节点不能重复的路。子树是无环的子图,即任意两个节点只能被一条简单路径相连。子树模式是对子树的扩展,允许其中包含重复节点和边,但这些相同节点(或边)被视为不同的节点(或边)。值得注意的是,子树核是利用子树模式而不是子树来构建的;本章使用的图是无向无标记图。

图核是一种构建在图上的核,用于测量两个图之间结构上的相似性。给定一对图 G 和 H,图核能被定义为 $k(G,H) = \langle \phi(G), \phi(H) \rangle$。通常利用图的子结构(如路或路径等)来构建图核[46,51]。最近,Shervashidze 等[30]提出一种有效的基于子树方法来构建图核。他们方法的关键点在于利用 Weisfeiler-Lehman 图同构性测试。给定两个图,Weisfeiler-Lehman 图同构性测试的基本过程如下:如果图是无标记图,则用节点的度来标记相应节点,然后在随后的迭代步骤中,同时对每个节点,利用其相邻节点的标签来更新该节点的标签。具体来说就是,对每个节点的相邻节点标签进行排序而后扩充到该节点,并把这个长标签更新为一个新的未出现的短标签。重复该步骤,直到两个图中标签集包含了不同标签,或者迭代次数达到一个预定的最大值 h。如果经过 h 次迭代,两个图的标签集仍然相同,则不能判断两个图是否同构。

给定图 G 和 H,让 L_0 表示最初出现在 G 和 H 上的标签集,让 L_i 表示出现在 Weisfeiler-Lehman 同构性测试第 i 次迭代中 G 和 H 上的标签集,假定所有 L_i 是成对不相邻的,不失一般性,假定每个 L_i 都是有序的,则 Weisfeiler-Lehman 子树核[41]定义如下

$$k(G,H) = \langle \phi(G), \phi(H) \rangle \tag{7-2-4}$$
$$\phi(G) = (\sigma_0(G, s_{01}), \cdots, \sigma_0(G, s_{0|L_0|}), \cdots, \sigma_h(G, s_{h1}), \cdots, \sigma_h(G, s_{h|L_h|}))$$
$$\phi(H) = (\sigma_0(H, s_{01}), \cdots, \sigma_0(H, s_{0|L_0|}), \cdots, \sigma_h(H, s_{h1}), \cdots, \sigma_h(H, s_{h|L_h|}))$$

其中,$\sigma_i(G, s_{ij})$ 和 $\sigma_i(H, s_{ij})$ 分别表示标签 s_{ij} 在图 G 和 H 中出现的次数。可以证明这个核是有效核,并且对 N 个图的计算复杂度是 $O(Nhn + N^2hl)$,其中 n 和 l 分别表示图中节点和边的个数。

7.2.3　特征提取

在连接网络中,低层次特征的数量非常大(共有 $n \times (n-1)/2$ 个,其中 n 是 ROI 的个数)。为了降低数据维数和寻找对 MCI 敏感的生物标识,从连接网络中提取有意义的特征是非常重要的步骤。对连接网络,能在不同层次上进行刻画,包括局部和整体性的特性测量。由于我们的目的是识别 MCI 患者,已有研究中已经报道 AD 和 MCI 患者的网

络聚类性发生了改变[52,12]。在本章研究中，我们从连接网络中提取权重聚类系数 (Weighted Clustering Coefficient)[10]作为特征并用于分类。另外，由于功能连接网络本质是全连接，为了反映连接网络的不同层次拓扑结构，我们同时用多个值对连接网络进行阈值化。即给定连接网络(矩阵) $G = [w(i,j)] \in R^{n \times n}$ 和阈值 $T_m (m = 1, \cdots, M)$，n 和 M 分别表示 ROI 和阈值的个数。使用下面的公式阈值化连接网络

$$w_m(i,j) = \begin{cases} 0, & w(i,j) < T_m \\ w(i,j), & \text{其他} \end{cases} \tag{7-2-5}$$

因此，对每个连接网络可以获得 M 个阈值化的连接网络 $G_m = [w_m(i,j)]$，用于随后的特征提取。

聚类系数反映了节点的聚集性，其定义如下[11]

$$f_i = \frac{2}{d_i(d_i - 1)} \sum_{j,k} \left[w_m(i,j) w_m(j,k) w_m(k,i) \right]^{1/3} \tag{7-2-6}$$

其中，d_i 表示节点的度，也就是与节点 i 相邻节点的个数。从每个节点提取出来的聚类系数被作为特征构成特征向量用于随后的特征选择。

值得注意的是：①在阈值化网络中，每一个节点(ROI)对应一个特征，因此总共有 n 个特征；②对于每一个样本，共有 M 个阈值化连接网络，因此，总共有 M 组特征。

7.2.4　结构化特征选择

在特征选择步骤中，我们采用两步分层特征选择策略。具体来说，首先，利用在神经影像分析中广泛使用的 T-test 过滤掉一些对区分 MCI 和 NC 不重要的特征，即给定训练样本，利用 T-test 计算每个特征的 p 值，对应 p 值大于给定阈值的那些特征将被移去。进一步，在特征选择时为了保留连接网络的拓扑结构信息，我们提出基于图核的递归特征消除算法来进一步选择最具有判别能力的 ROI 特征。

在标准的 RFE-GK 方法中，将线性核或 RBF 核的 SVM 用于分类，没有考虑网络的拓扑信息。由于每个特征对应一个 ROI 或节点，利用上一步特征选择保留下来的特征 (ROI)可以构建各子网。紧接着利用图核代替传统的线性核或 RBF 核来保留网络拓扑信息。具体来说，对每个阈值化的连接网络，执行如下步骤：首先，将第一步中(T-test 特征选择)保留下来的特征作为初始特征集，并利用初始特征集构建一个子网，其节点对应初始特征集中特征所对应的 ROI，边对应所在阈值化连接网中的边。其次，对子网络中的每个节点 s 重复下面的步骤：将 s 从子网络中移去形成新的子网(移除第 s 个节点和对应的边)，在新的子网上通过计算图核来测量不同样本间子网拓扑结构的相似性。在训练样本上，通过留一法(Leave-One-Out, LOO)交叉验证策略，利用上面的图核训练 SVM 分类器，并计算分类精度。再次，找出对分类最不重要的特征(也就是移去后会使分类精度最大的特征)并将其从特征集移去，计算并保留上一步中所有分类精度的平均值。重复这个过程，直到特征集为空。最终，根据分类精度平均值的最大值来确定选择的特征集。算法 7.1 给出了 RFE-GK 方法的详细过程。

Algorithm 7.1 Recursive Feature Elimination with Graph Kernel (RFE-GK)

Input:

Training subjects $D = \{(G_1, y_1), \cdots, (G_i, y_i) \cdots, (G_N, y_N)\}$ and threshold T_m, where G_i is the ith connectivity network, y_i is corresponding class label, and N is the number of training subjects.

Output:

Selected features (ROIs)

Initialize:

Subset of surviving features (ROIs) $S = ,1,2, \cdots, d-$, ranked feature (ROI) list $F = , -$, and average accuracy list $U = []$; Here d is the number of surviving features in previous feature selection step; Construct the thresholded network G_{im} with threshold T_m for connectivity network G_i, $i = 1, \dots N$.

  Repeat

Initialize a temporary list $C = []$;

For each s S

  Let $S' = S \setminus *s+$;

    For each pair of G_{mi} and G_{mj}, $i \neq j$, construct two sub-networks using set S', and compute the graph kernel on two sub-networks;

    Train SVM via LOO cross-validation and get the accuracy c,

    Update list $C = [C, c]$

End for

    Find s with corresponding maximum accuracy, and update ranked feature list $F = ,s, F-$;

    Update list $U = ,c, U -$, where c is the average accuracy of C;

    Eliminate s from S

  Until $S = []$

    Find c with corresponding maximum average accuracy in U. Assuming that c is the P-th value in U, we then select top P features in F as selected features

---

　　值得注意的是，本章 RFE-GK 方法不同于标准的 RFE-SVM 方法[26]，在标准的 RFE-SVM 方法中，根据线性 SVM 的权重向量排列来消除特征，而我们的方法基于分类的精度。另外，我们提出的方法和标准的 RFE-SVM 方法还有两点关键的不同：①前者使用图核保留数据拓扑结构信息，而后者使用线性核并没有考虑这种信息；②前者通过计算最大平均分类精度能够自动确定一组稳定的特征集，而后者需要通过其他方法来确定特征的数量。

　　最终，在分类步骤中，线性 SVM 分类器被用于分类。由于采用多个阈值，从而产生多个阈值化的连接网络，我们采用多核 SVM 技术[22-25]来组合从多个阈值化连接网中所构建的核。给定一组训练样本 $\{G_i, y^i\}$，$i = 1, \cdots, N$，其中 G_i 表示连接网络，y^i 是类标签（也就是患者或正常人），N 是样本的个数。通常，通过多个基核的线性组合来学习一个组合核，即

$$k(G_i, G_j) = \sum_{m=1}^{M} \mu_m k_m(x_m^i, x_m^j) \tag{7-2-7}$$

其中，$k_m(x_m^i, x_m^j)$ 表示基核，x_m^i 和 x_m^j 对应着从训练样本 G_i 和 G_j 的第 m 个阈值化连接网络上所选到的特征；μ_m 是一个非负权重向量，并且满足约束 $\sum_{m=1}^{M} \mu_m = 1$。我们采用网格搜索（Grid Search）的方法来确定最优 μ_m，一旦确定了 μ_m，多个核将能被组合为一个核，则标准 SVM 将能被用于 MCI 患者和正常人的分类。

7.3　脑网络的判别性子图学习

本节，我们使用判别性子图作为特征。与其他类型的脑网络特征相比，判别性子图可以表达脑网络中跨越几个脑区之间的连接变化。作为一种有效的网络特征，判别性子图已经在很多相关工作中被使用，如化合物（Chemical Compounds）[58]、PPI（Protein-Protein Interacting）网络[53]等。

如图 7-1 所示，我们给出了一个使用判别性子图进行脑网络分类的例子。首先，我们从正类和负类网络中提取一个子图 g，然后以这个子图作为特征，根据是否包含子图 g 把正类网络和负类网络正确地分类。当然，这只是一个简单的例子，实际问题中，我们需要的子图数量可能很多，才能很好地完成分类任务。基于判别性子图的分类方法要解决两个基本问题：第一，如何获取真正具有判别性的子图；第二，如何更好地使用判别性子图进行分类。其中，获取判别性子图是这一方法的最大问题。因为对于一个 m 条边的网络，它的子图数量是 $O(2m)$。而其中只有很小一部分具有判别性子图。所以在进行判别性子图挖掘时，效率是不得不考虑的一个问题。在获得判别性子图后，如何使用它们构建分类器也是值得思考的。在本节的余下部分，我们会介绍如何从网络中挖掘判别性子图，以及如何使用获得的判别性子图完成对脑网络的分类任务。

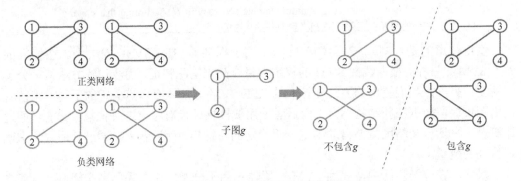

图 7-1　使用判别性子图进行脑网络分类的例子

7.3.1　判别性子图

首先我们给出几个相关的定义。

定义 7.1（子图，Subgraph）　对于两个给定的二值图 $G=\{V,E,l\}$ 与 $G'=\{V',E',l'\}$，其中 V 表示节点的集合，E 表示边的集合，l 表示节点的标签。如果存在一个映射函数 $\varphi:V'\to V$ 使得 ① $\forall v'_i,v'_j\in V'$ 且 $v'_i\neq v'_j$ 有 $\phi(v'_i)\neq\phi(v'_j)$；② $\forall v'_i\in V'$，有 $\phi(v'_j)\in V$ 且 $l'(v'_i)=l(\phi(v'_i))$；③ $\forall(v'_i,v'_j)\in E'$，有 $\phi(v'_j)\in E$ 且 $l'(v'_i,v'_j)=l(\phi(v'_i),\phi(v'_j))$，那么我们称 G' 是 G 的子图，记为 $G'\subseteq G$。

定义 7.2（频繁子图，Frequent Subgraph）　对于给定的一个二值图集合 $\Omega=\{G_1,G_2,\cdots,G_N\}$ 与一个二值图 G'，$\sup(G',\Omega)=\{G_i\mid G_i\in\Omega,\ G'\subseteq G_i\}$ 称作 G' 对于 Ω 的支持度。$\mathrm{freq}(G^{c'},\Omega)=|\sup(G',\Omega)|/|\Omega|$ 称作 G' 对于 Ω 的频繁度。如果 $\mathrm{freq}(G',\Omega)>\theta$，

那么我们称 G' 是 Ω 的一个频繁子图。

从上面的定义可以看出，子图是由图的一部分边和边包含的点构成的。不失一般性，实际中我们只考虑连通子图，也就是子图必须是一个连通图(Connected Graph)。由于直接从图集中挖掘出判别性子图具有一定难度，一般方法是先挖掘出频繁子图，然后从频繁子图中挑选出判别性子图。频繁子图是某些在图集中频繁出现的子图[60]。频繁子图不是判别性子图，其本身不一定具有判别性。但是频繁子图却具备了成为一个判别性子图的基本要求。现今存在的许多衡量子图判别性的指标(T-test、Ratio Score、HSIC 等)，其基本思想都是如果一个子图在正类和负类的出现次数有显著差别，那么这个子图就具有较高的判别性。而频繁子图已经具备了在本类图集中出现次数多这一条件，如果在另一类中出现的次数少，那么这个频繁子图就是一个判别性子图。最重要的是，频繁子图挖掘满足 Apriori 算法要求，也就是说，一个子图的频繁度一定不大于它的父子图。有了这个性质，我们就可以大大降低算法的时间复杂度。我们可以使用类似的 Apriori 算法来进行频繁子图挖掘，也就是我们要介绍的 gSpan[54,55]算法。

gSpan 算法于 2003 年被提出，现已经成为使用最广泛的频繁子图挖掘算法。gSpan 算法构建一个深度搜索树(DFS)，每一个节点代表一个子图。遍历每一个子图，然后计算子图的频繁度。如果频繁度大于等于我们预设的要求，则记录为一个频繁子图，并继续挖掘这个子图衍生的子图，也就是子孙节点；如果小于我们预设的要求，则不会继续挖掘这个子图衍生的子图(Apriori 性质)。除此之外，我们还要判断一个子图是否已经被访问过，也就是判断两个子图是否为同构图。如果为同构图，则只需要遍历其中的一个就可以，另一个子图及其衍生子图直接忽略。gSpan 算法具体描述如下。

Algorithm 7.2 gSpan
Input: G
Output: frequent subgraph S
1 Sort the labels in G according to the frequency;
2 Remove infrequent verties and edges;
3 Relabel the remaining vertices and edges;
4 $S^1 \leftarrow$ all frequent 1-edge graphs in G;
5 Sort S^1 in DFS lexicographic order;
6 $S \leftarrow S^1$;
7 **for** each edge $e \in S^1$ **do**
8 　　Initialize s with e, set s. G by graphs which contain e;
9 　　**if** $s \neq \min(s)$ **then**
10 　　　　return;
11 　　**end**
12 　　$S \leftarrow S \cup s$;
13 　　Enumerate s in each graph in G and count its children;
14 　　**for** each c, c is s' child **do**
15 　　　　**if** $support(c) \geq$ minSup **then**
16 　　　　　　$s \leftarrow c$;
17 　　　　**end**
18 　　　　Go to step 9;
19 　　　　$G \leftarrow G \div e$;
20 　　　　**if** $G \leqslant$ minSup **then**
21 　　　　　　Break;
22 　　**end**

```
23      end
24  end
```

在完成频繁子图的挖掘后，我们要使用一些判别性指标来衡量频繁子图的判别性。有很多相关的方法可以使用，如 T-test、Log Ratio Score、HSIC Score 等。在这里，我们使用一种较为简单的方法 Log Ratio Score[56]。下面是 Log Ratio Score 的计算方法：对一个给定的二值图数据集 Ω，其中 Ω^+ 表示正类数据集，Ω^- 表示负类数据集，以及一个 Ω^+ 的频繁子图 G'，我们定义 G' 在正类中出现的频度为 $r^+(G')$，在负类中出现的频度为 $r^-(G')$，所以我们有

$$\begin{cases} r^+(G') = \dfrac{|\sup(G', \Omega^+)|}{\Omega^+} \\ r^-(G') = \dfrac{|\sup(G', \Omega^-)|}{\Omega^-} \end{cases} \tag{7-3-1}$$

所以频繁子图 G' 的 Log Ratio Score 为

$$\text{score}(G') = \log_2 \frac{r^+(G')}{r^-(G') + \varepsilon} \tag{7-3-2}$$

其中，ε 是一个极小的值，以防止 $r^-(G') = 0$ 的情况。如果 G' 是 Ω^- 的频繁子图，那么频繁子图 G' 的 Log Ratio Score 为

$$\text{score}(G') = \log_2 \frac{r^-(G')}{r^+(G') + \varepsilon} \tag{7-3-3}$$

通过 Log Ratio Score，我们可以定量得到正类图集与负类图集中各个频繁子图的判别性。然后我们分别从正类图集和负类图集的频繁子图中选择得分最高的若干子图，结合在一起作为我们的判别性子图特征。

7.3.2　基于判别性子图的脑网络分类

在获取到判别性子图之后，我们有两种方式使用判别性子图进行分类。

第一种，我们使用判别性子图直接构建二值图数据集中每个图的特征向量。对于图 G_i，如果包含判别性子图 G'_j，则 $f_{i,j} = 1$，否则等于 0。这样就可以为每一个图构造一个特征向量。最后使用 SVM 构建分类器。

第二种，我们利用获得的判别性子图对原图进行重构。具体来说，对于每一个图，我们只保留那些出现在本图所包含的判别性子图中的那些边，而丢弃其他的边。这样可以消除那些不具有判别性的边对分类结果的影响。在重构完原图之后，我们使用图核来计算两个图之间的相似性，进而获得相似性矩阵 $M_{n \cdot n}$，其中 n 是样本数量。然后，我们使用 kernel-SVM 进行分类。

7.3.3　进一步提高效果的方法

我们已经叙述了基于判别性子图进行网络分类的基本流程。除此之外，还有很多方法可以进一步提高上述分类表现。这里我们叙述其中两点。

第一，特征选择。虽然我们从频繁子图中选择判别性子图时，已经确保每个被选择

的子图都是具有最高判别性的。但是，这并不一定代表我们选择的所有判别性子图结合在一起可以得到最好的结果。最突出的问题之一就是特征冗余。对于此，我们需要进一步使用特征选择方法来提高特征的质量。例如，我们可以对获得的特征矩阵使用 PCA（Principal Component Analysis），或者对获得的相似性矩阵使用 kernel-PCA[57]。其他的特征选择方法同样适用。

第二，多阈值。在频繁子图挖掘之前，我们需要对脑网络进行阈值化操作。阈值化操作的合理性直接影响最后的分类表现。但是至今仍然没有一种选择最优阈值的方法，阈值的选择很大程度上依靠经验，这无疑会为整个分类任务带来巨大的不确定性。为了克服这一问题，我们可以使用多阈值结合的方法，也就是同时选择多个（如 3 个）阈值，分别对有权的脑网络进行阈值化，获得多种不同的阈值化结果。然后，对每一种阈值下的阈值化结果分别执行上述获取判别性子图的方法。最后，在构建分类器前，我们将多种判别性子图结合起来。结合的方法很多，常用的一种是使用多核 SVM[58]。

参 考 文 献

[1] 《环球科学》评 2013 十大科学新闻[J]. 硅谷, 2014, 1: 1-2.

[2] Sporns O. Contributions and challenges for network models in cognitive neuroscience[J]. Nat Neurosci, 2014, 17(5): 652-660.

[3] Xie T, He Y. Mapping the Alzheimer's brain with connectomics[J]. Front Psychiatry, 2011, 2: 77.

[4] Kaiser M. A tutorial in connectome analysis: Topological and spatial features of brain networks[J]. Neuroimage, 2011, 57(3): 892-907.

[5] Bullmore E, Sporns O. Complex brain networks: Graph theoretical analysis of structural and functional systems[J]. Nature Reviews Neuroscience, 2009, 10(3): 186-198.

[6] Zhou C S, Zemanova L, Zamora G, et al. Hierarchical organization unveiled by functional connectivity in complex brain networks[J]. Physical Review Letters, 2006, 97(23): 238103(1-4).

[7] Sporns O, Tononi G, Kotter R. The human connectome: A structural description of the human brain[J]. PLoS Comput Biol, 2005, 1(4): e42.

[8] Wee C Y, Yap P T, Li W, et al. Enriched white matter connectivity networks for accurate identification of MCI patients[J]. Neuroimage, 2011, 54(3): 1812-1822.

[9] He Y, Chen Z, Gong G, et al. Neuronal networks in Alzheimer's disease[J]. Neuroscientist, 2009, 15(4): 333-350.

[10] Rubinov M, Sporns O. Complex network measures of brain connectivity: Uses and interpretations[J]. Neuroimage, 2010, 52(3): 1059-1069.

[11] Wang J, Zuo X, Dai Z, et al. Disrupted functional brain connectome in individuals at risk for Alzheimer's disease[J]. Biol Psychiatry, 2013, 73(5): 472-481.

[12] Sanz-Arigita E J, Schoonheim M M, Damoiseaux J S, et al. Loss of "small-world" networks in Alzheimer's disease: Graph analysis of fMRI resting-state functional connectivity[J]. PLoS One, 2010, 5(11): e13788.

[13] Stern Y. Cognitive reserve and Alzheimer disease[J]. Alzheimer Dis Assoc Disord, 2006, 20(3): 112-117.

[14] Greicius M D, Srivastava G, Reiss A L, et al. Default-mode network activity distinguishes Alzheimer's disease from healthy aging: Evidence from functional MRI[J]. Proc Natl Acad Sci USA, 2004, 101(13): 4637-4642.

[15] Petrella J R, Sheldon F C, Prince S E, et al. Default mode network connectivity in stable vs progressive mild cognitive impairment[J]. Neurology, 2011, 76(6): 511-517.

[16] Bai F, Zhang Z, Watson D R, et al. Abnormal functional connectivity of hippocampus during episodic memory retrieval processing network in amnestic mild cognitive impairment[J]. Biol Psychiatry, 2009, 65(11): 951-958.

[17] Ye J P, Wu T, Li J, et al. Machine learning approaches for the neuroimaging study of Alzheimer's disease[J]. Computer, 2011, 44(4): 99-101.

[18] Wang K, Liang M, Wang L, et al. Altered functional connectivity in early Alzheimer's disease: A resting-state fMRI study[J]. Hum Brain Mapp, 2007, 28(10): 967-978.

[19] Supekar K, Menon V, Rubin D, et al. Network analysis of intrinsic functional brain connectivity in Alzheimer's disease[J]. PLoS Comput Biol, 2008, 4(6): e1000100.

[20] Lynall M E, Bassett D S, Kerwin R, et al. Functional connectivity and brain networks in schizophrenia[J]. Journal of Neuroscience, 2010, 30(28): 9477-9487.

[21] Seeley W W, Crawford R K, Zhou J, et al. Neurodegenerative diseases target large-scale human brain networks[J]. Neuron, 2009, 62(1): 42-52.

[22] Wee C Y, Yap P T, Zhang D, et al. Identification of MCI individuals using structural and functional connectivity networks[J]. Neuroimage, 2012, 59(3): 2045-2056.

[23] Chen G, Ward B D, Xie C, et al. Classification of Alzheimer disease, mild cognitive impairment, and normal cognitive status with large-scale network analysis based on resting-state functional MR imaging[J]. Radiology, 2011, 259(1): 213-221.

[24] Zhou L P, Wang Y P, Li Y, et al. Hierarchical anatomical brain networks for MCI prediction: Revisiting volumetric measures[J]. PLoS One, 2011, 6(7): e21935.

[25] Jie B, Zhang D, Gao W, et al. Integration of network topological and connectivity properties for neuroimaging classification[J]. IEEE Trans Biomedical Engineering, 2014, 61(2): 576-589.

[26] Shen H, Wang L B, Liu Y D, et al. Discriminative analysis of resting-state functional connectivity patterns of schizophrenia using low dimensional embedding of fMRI[J]. NeuroImage, 2010, 49(4): 3110-3121.

[27] Wee C Y, Wang L, Shi F, et al. Diagnosis of autism spectrum disorders using regional and interregional morphological features[J]. Human Brain Mapping, 2014, 35(7): 3414-3430.

[28] Wee C Y, Zhao Z, Yap P T, et al. Disrupted brain functional network in internet addiction disorder: A resting-state functional magnetic resonance imaging study[J]. PLoS One, 2014, 9(9): e107306.

[29] Vishwanathan S V N, Schraudolph N N, Kondor R, et al. Graph kernels[J]. Journal of Machine Learning Research, 2010, 11: 1201-1242.

[30] Shervashidze N, Schweitzer P, van Leeuwen E J, et al. Weisfeiler Lehman graph kernels[J]. Journal of Machine Learning Research, 2011, 12: 2539-2561.

[31] Feragen A, Kasenburg N, Petersen J, et al. Scalable kernels for graphs with continuous attributes[J]. In Advances in Neural Information Processing Systems, 2013:16-224.

[32] Shervashidze N, Borgwardt K M. Fast subtree kernels on graphs[J]. In Advances in Neural Information Processing Systems, 2009, 22: 1660-1668.

[33] Zhang D, Shen D. Multi-modal multi-task learning for joint prediction of multiple regression and classification variables in Alzheimer's disease[J]. NeuroImage, 2012, 59(2): 895-907.

[34] Obozinski G, Taskar B, Jordan M I. Joint covariate selection and joint subspace selection for multiple classification problems[J]. Stat Comput, 2010, 20(2): 231-252.

[35] Argyriou A, Evgeniou T, Pontil M. Convex multi-task feature learning[J]. Mach Learn, 2008, 73(3): 243-272.

[36] Wee C Y, Yap P T, Li W, et al. Enriched white matter connectivity networks for accurate identification of MCI patients[J]. NeuroImage, 2011, 54(3): 1812-1822.

[37] Shen H, Wang L B, Liu Y D, et al. Discriminative analysis of resting-state functional connectivity patterns of schizophrenia using low dimensional embedding of fMRI[J]. NeuroImage, 2010, 49(4): 3110-3121.

[38] Wee C Y, Yap P T, Denny K, et al. Resting-state multi-spectrum functional connectivity networks for identification of MCI patients[J]. PLoS One, 2012, 7(5): e37828.

[39] Zanin M, Sousa P, Papo D, et al. Optimizing functional network representation of multivariate time series[J]. Sci Rep, 2012, 2: 630.

[40] Shen D, Davatzikos C. HAMMER: Hierarchical attribute matching mechanism for elastic registration[J]. IEEE T Med Imaging, 2002, 21(11): 1421-1439.

[41] Tzourio-Mazoyer N, Landeau B, Papathanassiou D, et al. Automated anatomical labeling of activations in SPM using a macroscopic anatomical parcellation of the MNI MRI single-subject brain[J]. Neuroimage, 2012, 15(1): 273-289.

[42] Scholkopf B, Smola A. Learning with Kernels[M]. Commonwealth: The MIT Press, 2002.

[43] Burges C J C. A tutorial on support vector machines for pattern recognition[J]. Data Mining and Knowledge Discovery, 1998, 2(2): 121-167.

[44] Shervashidze N, Petri T, Mehlhorn K, et al. Efficient graphlet kernels for large graph comparison[C]// International Conference on Artificial Intelligence and Statistics, Florida, 2009: 488-495.

[45] Horvath T, Gartner T, Wrobel S. Cyclic pattern kernels for predictive graph mining[C]// Proceedings of the International Conference on Knowledge Discovery and Data Mining, WA, 2004.

[46] Harchaoui Z, Bach F. Image classification with segmentation graph kernels[C]// IEEE Computer Society Conference on Computer Vision and Pattern Recognition, 2007: 612-619.

[47] Camps-Valls G, Shervashidze N, Borgwardt K M. Spatio-spectral remote sensing image classification with graph kernels[J]. IEEE Geosci Remote, 2010, S7(4): 741-745.

[48] Borgwardt K M, Ong C S, Schonauer S, et al. Protein function prediction via graph kernels[J]. Bioinformatics, 2005, 21(1): i47-i56.

[49] Zhang Y, Lin H, Yang Z, et al. Neighborhood hash graph kernel for protein-protein interaction extraction[J]. J Biomed Inform, 2011, 44(6): 1086-1092.

[50] Mokhtari F, Bakhtiari S K, Hossein-Zadeh G A, et al. Discriminating between brain rest and attention states using fMRI connectivity graphs and subtree SVM[J]. Medical Imaging: Image Processing, 2012: 83144C.

[51] Ramon J, Gärtner T. Expressivity versus efficiency of graph kernels, trees and sequences[C]// 14th European Conference on Machine Learning and 7th European Conference on Principles and Practice of Knowledge Discovery in Databases, Cavtat-Dubrovnik, 2003.

[52] Stam C J, Jones B F, Nolte G, et al. Small-world networks and functional connectivity in Alzheimer's disease[J]. Cerebral Cortex, 2007, 17(1): 92-99.

[53] Deshpande M, Kuramochi M, Wale N, et al. Frequent substructure-based approaches for classifying chemical compounds[J]. Knowledge and Data Engineering, IEEE Transactions on, 2005, 17(8): 1036-1050.

[54] Zou Z, Li J, Gao H, et al. Mining frequent subgraph patterns from uncertain graph data[J]. IEEE Transactions on Knowledge & Data Engineering, 2010, 22(9): 1203-1218.

[55] Han J, Yan X. Gspan: Graph-based substructure pattern mining[C]// Data Mining, IEEE International Conference on, 2002: 721.

[56] Jin N, Young C, Wang W. GAIA: Graph classification using evolutionary computation[C]// Proceedings of the 2010 ACM SIGMOD International Conference on Management of data, 2010: 879-890.

[57] Mika S, Scholkopf B, Smola A, et al. Kernel PCA and de-noising in feature spaces[J]. Advances in Neural Information Processing Systems, 1999: 536-542.

[58] Jie B, Zhang D, Wee C, et al. Topological graph kernel on multiple thresholded functional connectivity networks for mild cognitive impairment classification[J]. Human Brain Mapping, 2014, 35(7): 2876C2897.

第 8 章　数据挖掘在生物信息学中的应用

生物信息学是一门新兴的交叉学科。人类基因组计划的启动和实施使得核酸、蛋白质数据迅速增长,如何从海量数据中获取有效信息成为生物信息学迫切要解决的问题。数据挖掘与生物信息学有很好的结合点,数据挖掘在生物信息学领域的应用潜力日益受到人们的重视。本章主要分两个专题分别介绍数据挖掘在生物信息学中的两个应用,即数据挖掘在基因-影像关联分析中的应用以及数据挖掘在基于图像的蛋白质亚细胞定位中的应用。

8.1　基于树型结构引导的稀疏学习方法在基因-影像关联分析中的应用

8.1.1　引言

近年来,随着生物科学和医疗技术的不断发展,基因与疾病关联分析作为生物医学这一交叉领域中的重要研究课题而备受关注。该研究旨在探索疾病产生的根源,并为诊断和治疗提供参考依据。与此同时,随着神经影像技术的发展,基因关联分析衍生出了基因-影像关联(Imaging Genetics)这一新的研究领域,其目标是发现并检测影响人脑结构或功能的基因;相对于传统的风险基因与诊断量表得分关联分析,我们可以将多模态脑影像定量性状作为基因与诊断的中间介质,并以此为辅助参考,以便我们对复杂的致病生物机制有更加清晰和完整的认识[1, 2]。

全基因组关联分析作为检测和发现单核苷酸多态(Single Nucleotide Polymorphisms, SNP)与定量性状(Quantitative Traits ,QT)关联的重要方法,已经成功应用到基因-影像关联分析中[3, 4],即对 SNP 与影像进行单变量统计测试与 P 值分析。统计测试方法可以对全基因组进行全面筛查,然而该类方法每轮只对单基因变量进行检测,并没有考虑到基因之间共同作用的效果。为了避免这种单变量方法带来的弱检测风险,一些研究者考虑了多个 SNP 之间的依赖关系,提出使用多变量的模型方法[5]。

为了联合评估检测多个 SNP 的联合效应,基因-影像关联分析的研究中采用了一些多变量特征选择方法,如 L1 正则化(Least Absolute Shrinkage and Selection Operator, LASSO)稀疏学习(Sparse Learning)方法能够在关联分析中选择一个特征子集,即选择一些有效的致病 SNP。文献[6]中,作者使用基于 LASSO 的回归方法评估了基因对颞叶体积的影响效应。而混合了 L1 和 L2 范数正则化的弹性网(Elastic Net)方法可以处理高维的特征相关数据,同时平衡多变量之间的关系和稀疏性,因此也被成功地应用到了基因-影像关联分析中[7]。在基于 LASSO 的方法中[8],L1 正则化可以处理多变量 SNP 并约束其具有稀疏性,从而选择与影像有强关联的 SNP。然而其并没有显式地引入存在于整个基因组的空间结构关系等先验信息,因此基于 L1/L2 范数的正则化作为组稀疏方法拓展了 L1 正则化[9],可以用来约束 SNP 的“组”结构特性。例如,文献[10]中,作者利用 SNP 所在基因结构中的空间和逻辑特性,将 SNP 分成不同的组,设计了含 L1/L2 正则化因子的回归模型来选择与影像相关联的 SNP 子集。上述方法均属于假设 SNP 具有平坦的结构信息,那么我们考虑是否可以利用 SNP 的一些层次空间结构来改进和增强关联分析模型的性能,从而检测和捕获更具有关联解释意义的 SNP 特征。

在机器学习和数据挖掘领域,一些研究者针对特殊的多层次输入或输出数据结构,提出了基于树型结构引导的稀疏学习模型[11, 12]。在一些实际应用问题中也取得了理想的效果,例如,首先利用层次聚类方法构建多尺度特征,然后在多个尺度上进行稀疏化特征选择[13]。而这种树型结构的思想和方法也成功地应用在了神经影像疾病诊断分类问题中[14]。

受到上述工作的启发,结合基因-影像关联分析的具体问题,我们可以通过构建 SNP 的层次树型结构,并将这一先验信息嵌入基于树型结构引导的稀疏学习模型中,在候选基因集合中,检测与目标性状(如人脑核磁影像海马体积)关联最为密切的那些 SNP。而树型层次结构的构建依赖于领域知识,例如,一些 SNP 可以自然地映射到某一个基因(Gene)上,这些 SNP 联合参与这一基因功能的表达;此外,还有另一种生物特性——连锁不平衡(Linkage Disequilibrium, LD)[15],即描述不同位点之间的等位基因的非随机分布。通过上述两种空间结构关系,我们可以将其嵌入到树型正则化中,根据回归模型引导选择相关 SNP 特征。

我们在 ADNI 数据库上进行了实验,分别应用两种方式(基因成组和 LD 成组)的树型结构引导稀疏学习模型来检测与脑核磁影像左、右海马(海马体是目前生物医学领域中熟知并公认的阿尔茨海默病致病敏感区域)体积性状相关的 SNP。实验结果表明,我们的方法不仅达到了更好的脑影像预测性能,而且检测出了一些更具解释性的 SNP 预测因子。

8.1.2　方法

1. 基于稀疏学习方法的基因-影像关联分析

假设有 M 个训练样本,每一个样本由 N 维特征向量(含有 N 个 SNP 位点)构成,输出值为一个标量(磁共振影像度量值)。设 X 为一个 $M \times N$ 的特征矩阵,其中,第 m 行 $x^m = (x_1^m, \cdots, x_n^m, \cdots, x_N^m) \in R^N$ 表示第 m 个样本的特征向量,y 为 M 个样本对应的输出列向量。我们可以通过简单的线性回归模型来建立基因-影像关联的描述,即

$$y = X\alpha + \varepsilon \tag{8-1-1}$$

其中,α 为数据矩阵的系数向量;ε 为误差项。通过对系数向量施加 L1 范数正则化近似 L0 范数,从而实现系数向量的稀疏化来完成特征选择[8],目标函数为

$$\alpha = \arg\min_{\alpha} \|y - X\alpha\|^2 + \lambda \|\alpha\|_1 \tag{8-1-2}$$

其中,正则化参数 λ 可以控制和调节目标函数解的稀疏程度;α 中的非零元素为与回归输出相关的输入特征,即通过稀疏学习方法检测出与核磁脑影像关联的 SNP 位点。

如果我们能够获得一些 SNP 位点之间的空间位置或逻辑关系，能否利用这种结构信息同时选择那些具有相似功能特性的 SNP 的"组"集合？为了解决该问题，我们可以使用 L1/L2 正则化对"组"进行稀疏化特征选择，其中，L2 范数约束同一组特征，相应的目标函数描述如下[9]

$$\alpha = \arg\min_{\alpha} \| y - X\alpha \|^2 + \lambda \sum_{j=1}^{N} \| \alpha_{G_j} \|_2 \tag{8-1-3}$$

其中，$G_j(j=1,\cdots,N)$ 为通过先验信息预先定义的非重叠 SNP 的特征组，N 为组的个数。与单个 SNP 位点特征选择相比，$\| \alpha_{G_j} \|_2$ 的约束突出了整个组内部所有 SNP 位点的集体贡献。文献[10]就使用了该思想实现了基因-影像关联分析，并获得了较好的性能。

2. 基于树型结构引导的稀疏学习方法

上述 L1/L2 正则化约束倾向于选择一组内全部 SNP，然而这种过强的假设约束可能导致模型忽略其他不重要组中的少量有效 SNP。因此，L1 与 L1/L2 等平坦的正则化约束并不完全符合 SNP 在生物医学领域的结构和功能解释。我们希望可以使用更好的范式来进行改进。在这里，我们引入基于树型结构引导的模型来刻画 SNP 所具有的层次结构。

在树型结构的建立中，每一个节点均表示单个 SNP 位点特征(叶子节点)或者多个 SNP 位点特征的集合(根节点和中间节点)。我们可以根据先验信息分别建立两种"组"结构：①同一个基因附近的 SNP 具有相同的功能特性；②多个不同 SNP 位点的分布并不是随机的，即连锁不平衡。那么我们可以利用 SNP 的层次关系建立树型结构：单个 SNP 作为树的叶子节点，而 SNP 通过基因或者连锁不平衡分组形成中间节点，其示意图如图 8-1 所示。

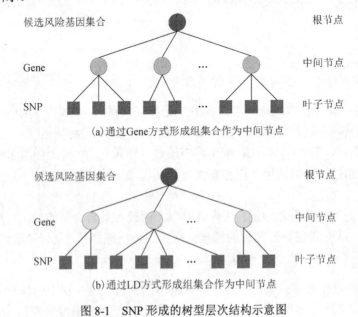

(a) 通过 Gene 方式形成组集合作为中间节点

(b) 通过 LD 方式形成组集合作为中间节点

图 8-1　SNP 形成的树型层次结构示意图

假设层次结构树 T 有 d 层，那么第 i 层的节点可以表示为 $T_i = \{G_1^i, \cdots, G_j^i, \cdots, G_{n_i}^i\}$，该层有 n_i 个节点。特别地，每个子节点只能有唯一的父节点。通过引入树型结构来建立目标函数，形式如下

$$\alpha = \arg\min_{\alpha} \| y - X\alpha \|^2 + \lambda \sum_{i=0}^{d} \sum_{j=1}^{n_i} w_j^i \| \alpha_{G_j^i} \|_2 \tag{8-1-4}$$

其中，$\alpha_{G_j^i}$ 为每个节点 G_j^i 特征的相应系数；w_j^i 为每一个节点 G_j^i 上预先定义的权重值。

3. 影像表现型定量性状的回归预测

我们将 SNP 作为预测因子的特征向量输入，将影像的定量性状作为回归响应输出，通过建立回归模型实现多变量 SNP 对单变量核磁影像 MRI 定量性状的预测。基因-影像关联分析与预测流程图如图 8-2 所示，首先利用先验信息构建树型结构，然后采用基于树型结构引导的稀疏学习模型进行有效 SNP 的特征选择，最后将得到的有效 SNP 作为预测因子，再利用支持向量回归机(SVR)对影像进行回归预测。

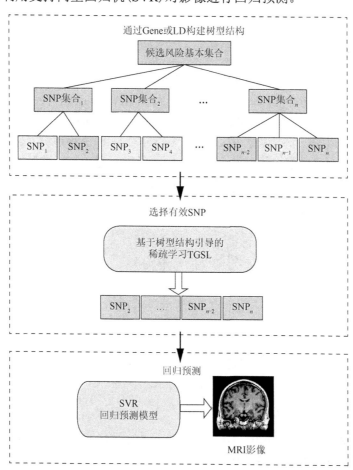

图 8-2　基于树型结构引导稀疏学习的基因-影像关联分析和预测流程图

8.1.3 实验

1. 实验数据

实验数据采用 ADNI（http://adni.loni.usc.edu）发布的公开数据库。在我们方法的基础上采用 1.5T 的核磁结构脑影像 MRI 和单核苷酸多态 SNP 进行关联分析。数据样本数为 743 例，其中，阿尔茨海默病例 173 例，轻度认知障碍 360 例，正常对照 210 例。此处仅对数据进行简要描述，相关参数设置及详细过程见文献[16]。

原始影像数据均经过配准分割，提取灰质特征，通过模板形成 93 个敏感区域。根据目前已有的领域知识，我们选择与阿尔茨海默病致病最相关的左、右海马体作为关联分析和预测模型的影像性状输出。

基因数据使用 Plink 对全部 SNP 数据进行质量控制等预处理工作。根据已有的研究成果选择最具风险的 11 个阿尔茨海默病风险基因（http://www.alzgene.org）。针对树型结构引导的稀疏学习模型，我们将采用两种不同的方法构建树型结构，如图 8-1 所示：①将 SNP 映射到基因上形成自然分组；②采用连锁不平衡形成逻辑分组。

2. 实验结果分析

在实验中，我们在测试数据集合上分别采用 L1 正则化的 LASSO、L1/L2 正则化的 Group LASSO 和我们的树型结构引导的稀疏学习（Tree-Guided Sparse Learning，TGSL）进行 SNP 特征集合对性状表现型海马体影像的关联分析和预测。通过调整稀疏性参数控制选择 SNP 的数量，并将选择的 SNP 作为特征对 MRI 进行预测，最后将均方根误差值进行多项式拟合，观察平均性能，图 8-3 展示了我们的 TGSL 模型具有较小的均方根误差，表明通过 TGSL 方法选出的有效 SNP 具有更优的预测和拟合能力。

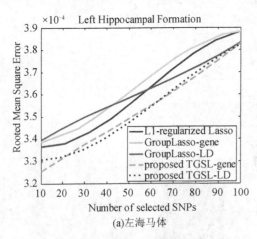
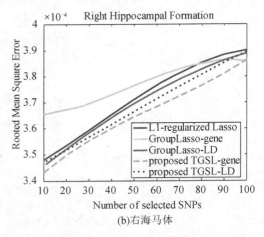

(a)左海马体　　　　　　　　　　　　　　　(b)右海马体

图 8-3　在选择不同数量的 SNP 时，不同特征选择方法（L1 正则化 LASSO、GroupLASSO-Gene、GroupLASSO-LD 以及我们提出的 TGSL-Gene 和 TGSL-LD）上的均方根误差（RMSE）比较

通过图 8-4 中各种方法回归系数的比较，我们能够清晰地看到 TGSL 既可以捕获到与脑影像关联的具有共同功能属性的一组 SNP，又可以检测到该组中具有强关联的单个

SNP。由图 8-4 知，我们的方法成功地检测出了一些位于 PICALM 附近的 SNP。而这些位点均与已有的生物医学、神经科学的研究成果相吻合[17]。

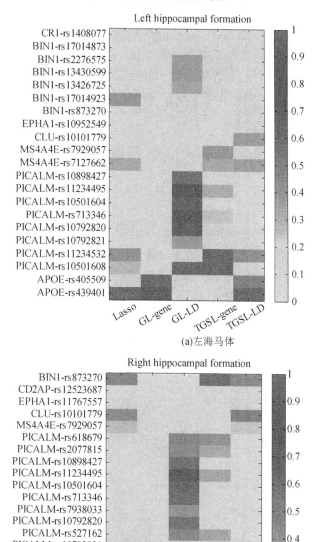

(a)左海马体

(b)右海马体

图 8-4 不同特征选择方法(L1 正则化 LASSO、GroupLASSO-Gene、GroupLASSO-LD 以及我们提出的 TGSL-Gene 和 TGSL-LD)在海马体体积预测中的前 10 个 SNP 回归系数

8.1.4　结论

我们通过先验知识建立两种不同的 SNP 树型层次结构，利用树型结构引导的稀疏学习方法能够很好地检测候选 SNP 集合与 MRI 影像之间的关联。在 ADNI 数据库中的实验结果表明，我们的方法不仅能够在预测 MRI 影像海马体体积时达到较好的性能，而且能够选择和检测出更有解释性效应的 SNP。此外，我们的方法可以扩展并应用到其他模态表现型定量性状(如弥散张量成像、功能磁共振成像和断层扫描成像的关联分析和预测中。

8.2　基于结构化 ECOC 的蛋白质图像亚细胞定位方法

8.2.1　引言

由细胞生物学可知，生物体的基本结构是细胞，执行生物体复杂功能的基本单位也是细胞。可以说，生物体能进行正常的生命活动以及执行生命所需的相应功能都是建立在细胞的基础上的[18]。生物体细胞内部结构错综复杂，但同时又高度有序，各种细胞器行使其特定的功能与职责。细胞可以再细分为多个细胞区域或者细胞器，不同的区域或者细胞器各自行使其特定的功能，并分布在不同的空间，如细胞核、线粒体、细胞质、高尔基体等。这些比细胞结构更加细化的结构称为亚细胞[19]。亚细胞是细胞的重要组成部分，构成了细胞内部复杂的结构，也是其功能的主要执行者，高度有序地发挥各自的职责，图 8-5 给出了细胞的一般结构。

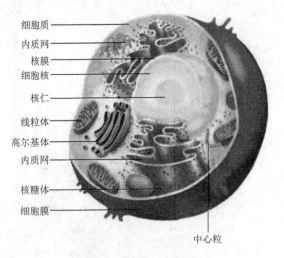

图 8-5　细胞的一般结构

蛋白质是一种结构复杂的有机化合物，作为物质基础，蛋白质组成了生命，发挥着各种生命功能，是生物体中的必要组成成分。蛋白质亚细胞定位是分子细胞生物学和蛋白质组学的一个重要研究课题。蛋白质在核糖体内合成之后必须被转运到特定的亚细胞器官，才能发挥其生物学功能，使整个生命机体正常运转。蛋白质的亚细胞定位与其功能密切相关。因此，研究蛋白质的亚细胞定位有助于了解蛋白质的性能和功能[18,19]。

近年来，蛋白质数据呈现爆炸式增长趋势，如何找到这些蛋白质所处的亚细胞位置并分析它们的动态变化是一个难题[20]。利用蛋白质图像预测其所处的亚细胞位置是解决该问题的一个新的方向。在蛋白质成像中，基于免疫化学组织的显微镜技术是目前利用光镜对特异蛋白质等生物大分子定性定位研究的最有力手段之一，可以对蛋白质所在细胞内的位置进行高通量成像[21,22]，如图 8-6 所示。但是通常这些蛋白质亚细胞图像需要人工进行识别，不仅工作量大，费时费力，而且容易出现视觉偏差，效果不是很理想。因此，我们需要一种自动高效的方法对亚细胞图像进行量化、区分和分类。

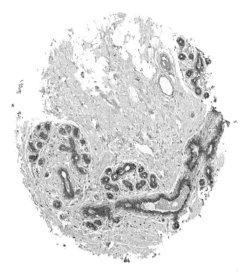

图 8-6 免疫组织化学蛋白质图像

近年来，随着计算机技术的发展，对蛋白质图像自动分类计算方法的研究取得了长足进步。在分类器的设计上，Boland 等利用神经网络对 4 种不同类型的蛋白质进行分类[23]；Yang 等提出了一种基于概率的支持向量机(SVM)预测人类生殖细胞中蛋白质所处的位置[22]；考虑到某些蛋白质可能会出现在不同的亚细胞器上，Xu 等利用多标记学习算法对蛋白质所处的亚细胞器位置进行定位[21]；在文献[24]中，作者提取了一种基于多尺度的特征，并将其用于基于图像的蛋白质亚细胞定位问题中。

虽然以上分类算法在基于图像的蛋白质亚细胞定位中都取得了成功，但这些算法都是基于分类问题本身来设计的，它们并没有加入先验的有利于分类的生物学信息，而大量研究表明，加入生物学的先验知识可以更有效地解决生物信息学领域的相关问题。为此，我们加入了与细胞器层次结构相关的先验信息，并提出一种新的基于图像的蛋白质亚细胞定位算法——S-PSorter，该算法的流程图如图 8-7 所示。

整体来看，该算法的流程分为三个步骤：①特征提取和特征选择；②纠错输出编码(ECOC)框架下，基于细胞器层次信息的分类算法设计；③分类器集成。

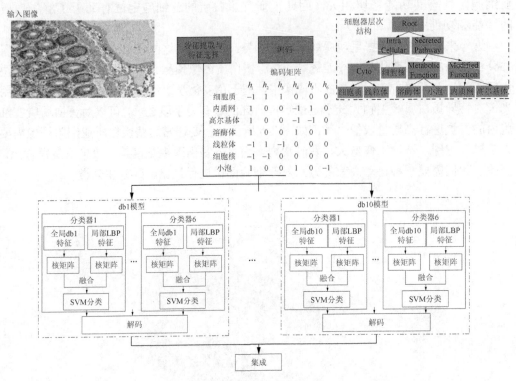

图 8-7 算法流程图

8.2.2 方法

1. 蛋白质图像特征提取和特征选择

对于每一幅蛋白质图像，我们利用 db 小波提取了 836 维 Haralick 特征作为全局特征，4 维 DNA 特征作为辅助蛋白质定位的全局特征，256 维的 LBP 特征作为局部特征。由于不同截止频率的 db 小波所提取的 Haralick 特征并不相同，我们利用 10 种 db 小波（db1～db10）提取了 10 种 Haralick 特征。这样，对于每一种 db 小波，我们共提取了长度为 1096(836+256+4) 维的特征向量。

考虑到特征维数过高会带来维数灾难等问题，对于每一种 db 模型所对应的 1096 维特征，我们运用 SDA(Stepwise Discriminant Analysis)提取最具有判别能力的特征子集作为分类器的输入。

2. 基于 ECOC 多分类算法

在多分类算法中，纠错输出编码(Error-Correcting Output Coding, ECOC)是一个典型代表[25]，也是本章提出的算法的基础。其主要流程分为编码过程、学习过程、解码过程三个阶段。下面将分别对这三个阶段进行解释。

1)编码过程

首先定义一个编码矩阵 $M_{k \times l}$，其每个元素的取值范围为-1、0、1。k 和 l 分别为类别空间的大小和基分类器的个数。$M_{k \times l}$ 的每一行表示一个类，每一列对应一个基分类器。下面我们介绍两种最典型的 ECOC 编码矩阵："一对多"和"随机森林"编码矩阵[26]。

(1)"一对多"编码矩阵。在这种编码方式下，k 个类别对应了 k 个不同的二分类器。其中每个二分类器都是按照一对多的形式构造的，即训练时依次把该类别的样本归为一类，其他剩余的样本归为另一类。在编码矩阵中，所有的对角线元素都设置为 1，其余元素设置为-1，即

$$M = \begin{pmatrix} 1 & -1 & -1 & -1 \\ -1 & 1 & -1 & -1 \\ \vdots & \vdots & \vdots & \vdots \\ -1 & -1 & -1 & 1 \end{pmatrix}_{k \times k} \qquad (8\text{-}2\text{-}1)$$

(2)基于随机森林的编码。这是一种与训练数据密切相关的编码方式，它通过训练数据并利用互信息指标自动学习出一种树型结构来刻画不同类别数据内在的一种层次关系，并根据这样一种层次结构来构造编码矩阵。

2)学习过程

编码矩阵的每一列都可以看成对样本的一种二元切分。对于不同的列，按照编码矩阵的性质，必然有不同的切分方法。如果 $M_{y,s} = -1$，那么我们把所有第 y 类的样本划分为第 s 个基分类器的负例；反之如果 $M_{y,s} = +1$，那么我们把所有第 y 类的样本划分为第 s 个基分类器的正例。如果 $M_{y,s} = 0$，那么我们把这个样本在第 s 个基分类器中予以忽略。最后各个基分类器就按照这些新划分的样本集进行训练。

3)解码过程

在解码阶段，对于一个新的样本 z，我们首先依照训练出的二分类模型计算其对应的输出向量，$H(z) = [h_1(z), h_2(z), \cdots, h_l(z)]$。接着我们需要找到一种合适的解码方式将这些二分类结果结合起来进而确定该样本所对应的类别。当前常用的解码方式有：基于汉明距离的解码方式、基于欧几里得距离的解码方式、基于线性加权损失的解码方式[27]等。在所有这些解码方式中，利用汉明距离解码是一种简单且高效的方式，其解码规则是：从编码矩阵中挑选出与输出向量汉明距离最小的类别作为该样本所对应的类别。其定义如下

$$y = \arg\min_r \sum_{i=1}^{l} | h_i(z) - M_{r,i} |, \quad r = 1, \cdots, k \qquad (8\text{-}2\text{-}2)$$

3. 基于 ECOC 和细胞器层次结构的多分类算法

如前所述，利用 ECOC 算法解决分类问题的核心是预先定义一个合适的编码矩阵，并根据这个编码矩阵将多分类问题转换为一系列二分类问题进行求解，故编码矩阵构造的好坏在很大程度上会影响多分类问题的最终分类精度。而大量研究表明，加入生物学的先验知识可以更有效地解决生物信息学领域的相关问题。为此，我们通过先验的细胞器层次结构信息(图 8-8)构造对应的编码矩阵，如图 8-9 所示。

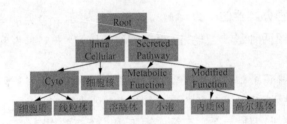

图 8-8　细胞器层次结构

	h_1	h_2	h_3	h_4	h_5	h_6
细胞质	−1	1	1	0	0	0
内质网	1	0	0	−1	1	0
高尔基体	1	0	0	−1	−1	0
溶酶体	1	0	0	1	0	1
线粒体	−1	1	−1	0	0	0
细胞核	−1	−1	0	0	0	0
小泡	1	0	0	1	0	−1

图 8-9　基于细胞器层次结构的编码矩阵

从图 8-8 可以看出，我们一共构造了 6 个基分类器，h_1 主要用来区分 3 个处于细胞内的亚细胞器(细胞质、细胞核、线粒体)和另外 4 个代谢传导，传导及修饰相关的亚细胞器(内质网、高尔基体、溶酶体、小泡)；h_2 主要用来区分细胞核以及分布在细胞质上的两个亚细胞器(细胞质、线粒体)；h_3 用来区分细胞质与线粒体这两个亚细胞器；h_4 的主要作用是区分出与修饰(内质网、高尔基体)以及代谢相关的亚细胞器(溶酶体、小泡)；h_5 与 h_6 分别用来区分内质网与高尔基体以及溶酶体与小泡这两组亚细胞器。我们将这种把亚细胞层次结构嵌入 ECOC 编码矩阵进而完成亚细胞定位任务的模型称为 S-PSorter(Structure based Protein Sorter)模型。

4. 集成学习

从图 8-7 可以看出，db 小波有 10 种不同的截止频率(db1～db10)，我们可以据此构造出 10 种不同的基于 S-PSorter 的分类器。由于通常情况下集成分类器的预测能力要比单个分类器的预测能力好得多，故我们利用一种简单的基于"投票"的方式集成各单个分类器的分类结果，它的基本思想是由各个基于 S-PSorter 的分类器对样本进行预测，每个基于 S-PSorter 的分类器对自己所预测的类投一票，得到票数最多的类就是该样本的最终预测结果。

8.2.3　实验

1. 数据集与实验设置

本章所用的数据集是从 HPA(Human Protein Atlas) 数据库中下载的 1636 幅基于免疫化学组织的蛋白质图像，它们分别属于 7 个不同的蛋白质亚细胞位置，即细胞质、细胞核、线粒体、内质网、高尔基体、溶酶体、小泡。在学习过程中，我们选用了基于 RBF 核的 SVM 分类器学习由编码矩阵所确定的基分类器，并运用 5-折交叉验证来测试模型的准确性。

2. 不同特征融合方法对分类精度的影响

如前所述，对于每一幅蛋白质图像，我们提取了全局特征(Haralick 特征、DNA 特征)与局部特征(LBP 特征)这两种不同类型的特征，通常来说，一种特征并不能更好地表示一幅图像的内在内容，因此需要选择一种合适的特征融合方式将不同类型的特征组合起来去提升整个系统的分类精度。这里，在 ECOC 分类框架下，为了评价不同特征融合方式对最终分类精度的影响，我们采用一对多的编码方式，并分别利用直接拼接和多核融合的方法(局部特征与全局特征对应的核矩阵进行线性加权)的方式去融合不同类型的特征，其最终所对应的分类结果如表 8-1 所示。

表 8-1　不同特征融合方法对分类精度的影响

	db1	db2	db3	db4	db5	db6	db7	db8	db9	db10
全局特征	0.540	0.394	0.610	0.586	0.579	0.604	0.605	0.556	0.566	0.583
局部特征	0.431	0.439	0.428	0.427	0.427	0.437	0.434	0.424	0.424	0.428
直接融合	0.416	0.258	0.493	0.463	0.439	0.484	0.479	0.455	0.409	0.460
核融合	0.651	0.628	0.678	0.671	0.693	0.678	0.682	0.666	0.657	0.643

从表 8-1 我们可以看出，利用基于直接合并的特征融合方式并不能有效地提高分类精度，在大多数情况下，其分类精度处于基于全局特征与局部特征的分类精度之间。而利用核融合的方法去融合不同类别的特征却可以显著提升分类精度。除此之外，我们还发现，即使利用基于核的特征融合方式，其分类精度仍低于 70%，这提示我们应该选择一种新的编码方式去进一步提升分类精度。

3. 不同编码方法对分类精度的影响

在 ECOC 框架下，为了比较不同类别编码方法对分类精度的影响，我们利用三种不同类型的编码方式，即基于一对多(OVA-PSorter)、随机森林(F-PSorter)以及本章提出的基于细胞器层次结构的编码方式(S-PSorter)对蛋白质所处亚细胞位置进行预测。这里，我们还是采用基于多核融合的方式融合不同类型的特征，其结果如表 8-2 所示。

表 8-2　不同编码方法对分类精度的影响

	db1	db2	db3	db4	db5	db6	db7	db8	db9	db10
OVA-PSorter	0.651	0.628	0.678	0.671	0.693	0.678	0.682	0.666	0.657	0.643
F-PSorter	0.809	0.786	0.824	0.815	0.820	0.817	0.819	0.803	0.796	0.798
S-PSorter	0.827	0.818	0.851	0.849	0.862	0.854	0.847	0.832	0.825	0.830

从表 8-2 中我们可以发现，与其余两种编码方式相比，我们提出的 S-PSorter 可以有效地提升分类精度，这也从另一个侧面说明了加入先验的生物学知识对解决生物信息学问题是有帮助的。

4. 与其他方法比较

我们将本章所提出的方法与文献[21]和文献[22]提出的方法进行了比较，在文献[21]

中，作者利用了一种基于一对多的 SVM，即训练时依次把某个类别的样本归为一类，其他剩余的样本归为另一类，这样 k 个类别的样本就构造出了 k 个 SVM 分类器。分类时将未知样本分类为具有最大分类函数值的那个类别。在文献[22]中，作者利用了一种一对一的 SVM，其做法是在任意两类样本之间设计一个 SVM 分类器，因此 k 个类别的样本就需要设计 $k(k-1)/2$ 个 SVM 分类器。当对一个未知样本进行分类时，最后得票最多的类别即为该未知样本的类别。表 8-3 给出了我们的方法(S-PSorter)与这两种方法在分类精度上的比较。

表 8-3　与已有工作的比较

	db1	db2	db3	db4	db5	db6	db7	db8	db9	db10
Xu et al.[21]	0.794	0.749	0.825	0.817	0.821	0.834	0.820	0.807	0.797	0.825
Yang et al.[22]	0.723	0.633	0.778	0.764	0.749	0.785	0.763	0.747	0.736	0.768
S-PSorter	0.827	0.818	0.851	0.849	0.862	0.854	0.847	0.832	0.825	0.830

从表 8-3 中我们可以发现，与其余两种方法相比，由于我们采用了一种多核融合的方式融合不同类型的特征，并将细胞器的层次信息融入分类算法中，故我们提出的方法在不同 db 小波截止频率上都取得了更好的分类精度。

此外，我们还利用基于集成学习的方法将不同 db 小波的分类器结合起来去预测蛋白质所处的亚细胞位置，结果如表 8-4 所示。

表 8-4　利用集成方法预测蛋白质所处亚细胞位置

	最好的个体分类器	集成方法
Xu et al.[21]	0.834	0.830
Yang et al.[22]	0.785	0.770
S-PSorter	0.862	0.872

从表 8-4 中我们可以看出，利用这种集成策略，我们提出的方法的分类精度可以从最好的个体分类精度 86.2%提升到 87.2%。而对其他两种方法运用这种集成策略，其分类精度却无法得到提升，从而更进一步地证明了我们方法的有效性。

8.2.4　结论

本章提出了一种新的基于图像的蛋白质亚细胞定位算法——S-PSorter。与传统的基于图像的蛋白质亚细胞定位算法相比，由于加入了先验的关于亚细胞器的层次结构信息以及利用多核融合的方式融合不同类型的特征，故我们的方法在分类精度上要高于已有的工作。

参 考 文 献

[1] Glahn D C, Thompson P M, Blangero J. Neuroimaging endophenotypes: Strategies for finding genes influencing brain structure and function[J]. Hum Brain Mapp, 2007, 28(6): 488-501.

[2] Gottesman I I, Gould T D. The endophenotype concept in psychiatry: Etymology and strategic intentions[J]. Am J Psychiatry, 2003, 160(4): 636-645.

[3] Shen L, et al. Whole genome association study of brain-wide imaging phenotypes for identifying quantitative trait loci in MCI

and AD: A study of the ADNI cohort[J]. NeuroImage, 2010, 53(3): 1051-1063.

[4] Stein J L, et al. Voxelwise genome-wide association study (vGWAS)[J]. NeuroImage, 2010, 53(3): 1160-1174.

[5] Hibar D P, et al. Multilocus genetic analysis of brain images[J]. Front Genet, 2011, 2: 73.

[6] Kohannim O, et al. Discovery and replication of gene influences on brain structure using LASSO regression[J]. Front Neurosci, 2012, 6: 115.

[7] Kohannim O, et al. Predicting temporal lobe volume on MRI from genotypes using L-1-L-2 regularized regression[C]// 2012 9th IEEE International Symposium on Biomedical Imaging (ISBI), 2012: 1160-1163.

[8] Tibshirani R. Regression shrinkage and selection via the LASSO: A retrospective[J]. Journal of the Royal Statistical Society Series B-Statistical Methodology, 2011, 73: 273-282.

[9] Yuan M, Lin Y. Model selection and estimation in regression with grouped variables[J]. Journal of the Royal Statistical Society Series B-Statistical Methodology, 2006, 68: 49-67.

[10] Wang H, et al. Identifying quantitative trait loci via group-sparse multitask regression and feature selection: An imaging genetics study of the ADNI cohort[J]. Bioinformatics, 2012, 28(2): 229-237.

[11] Liu J, Ye J. Moreau-Yosida regularization for grouped tree structure learning[C]// Advances in Neural Information Processing Systems, 2010.

[12] Kim S, Xing E P. Tree-guided group lasso for multi-response regression with structured sparsity, with an application to EQTL mapping[J]. Annals of Applied Statistics, 2012, 6(3): 1095-1117.

[13] Jenatton R, et al. Multiscale mining of fMRI data with hierarchical structured sparsity[J]. SIAM Journal on Imaging Sciences, 2012, 5(3): 835-856.

[14] Liu M, et al. Tree-guided sparse coding for brain disease classification[J]. Med Image Comput Comput Assist Interv, 2012, 15(3): 239-247.

[15] Barrett J C, et al. Haploview: Analysis and visualization of LD and haplotype maps[J]. Bioinformatics, 2005, 21(2): 263-265.

[16] Hao X, Yu J, Zhang D. Identifying genetic associations with MRI-derived measures via tree-guided sparse learning[J]. Med Image Comput Assist Interv, 2014, 17(2): 757-764.

[17] Xia K, et al. Common genetic variants on 1p13.2 associate with risk of autism[J]. Molecular Psychiatry, 2014, 19(11): 1212-1219.

[18] Breker M, Schuldiner M. The emergence of proteome-wide technologies: Systematic analysis of proteins comes of age[J]. Nat Rev Mol Cell Biol, 2014, 15: 453-464.

[19] Zhang T L, Ding Y S, Chou K C. Prediction of protein subcellular location using hydrophobic patterns of amino acid sequence[J]. Computational Biology and Chemistry, 2006, 30: 367-371.

[20] Chou K C. Prediction of protein cellular attributes using pseudo-amino acid composition[J]. Proteins-Structure Function and Genetics, 2001, 43: 246-255.

[21] Xu Y Y, Yang F, Zhang Y, et al. An image-based multi-label human protein subcellular localization predictor (iLocator) reveals protein mislocalizations in cancer tissues[J]. Bioinformatics, 2013, 29: 2032-2040.

[22] Yang F, Xu Y Y, Wang S T, et al. Image-based classification of protein subcellular location patterns in human reproductive tissue by ensemble learning global and local features[J]. Neurocomputing, 2014, 131: 113-123.

[23] Boland M V, Murphy R F. A neural network classifier capable of recognizing the patterns of all major subcellular structures in fluorescence microscope images of HeLa cells[J]. Bioinformatics, 2001, 17: 1213-1223.

[24] Chebira A, Barbotin Y, Charles J. A multiresolution approach to automated classification of protein subcellular location images[J]. BMC Bioinformatics, 2007, 8: 5.

[25] Dietterich T G, Bakiri G. Solving multiclass learning problems via error-correcting output codes[J]. Artificial Intelligence, 1995, 2: 24.

[26] Pujol O, Radeva P, Vitria J. Discriminant ECOC: A heuristic method for application dependent design of error correcting output codes[J]. IEEE Trans Pattern Anal Mach Intell, 2006, 28: 1007-1012.

[27] Escalera S, Pujol O, Radeva P. On the decoding process in ternary error-correcting output codes[J]. IEEE Transactions on Pattern Analysis and Machine Intelligence, 2010, 32: 120-134.

第 9 章　软件数据挖掘

9.1　软件数据挖掘概述

本书前面章节已经介绍过很多数据挖掘方法，这些方法一般都会涉及特征提取、特征选择、分类等过程。本章主要介绍数据挖掘技术在软件设计和应用领域中的应用，即软件数据挖掘。

在这类应用领域中，特征一般是与软件开发过程中某些环节相关的量，如开发周期、代码行数、开发人员水平以及代码中的循环迭代复杂度等。现阶段已存在很多比较成熟的软件度量方法能很好地指导我们对软件特征进行提取。基于以上特征，软件领域的分类预测常常是对软件开发过程可能存在的缺陷作出预测，以达到合理分配测试资源、辅助开发过程、提高程序的健壮性及可维护性等目的。以下内容重点对软件缺陷预测进行详细介绍。

9.2　软件缺陷预测简介

9.2.1　概述

尽管软件开发是系统化的、严格遵循约束的，但是在软件开发过程中仍然有众多的因素难以掌握，这导致软件缺陷在软件开发过程中难以避免。所谓软件缺陷，根据 IEEE 729—1983 的定义，从产品内部看，缺陷是软件产品开发或维护过程中存在的错误、毛病等各种问题；从产品外部看，缺陷是系统所需要实现的某种功能的实效或违背。随着软件规模和软件复杂度的不断增加，一方面如何保障软件质量成为软件开发领域的一个挑战，另一方面软件的大规模使得测试软件每条执行路径成为不可能。因此，软件缺陷预测成为软件工程领域重要的研究内容之一。软件缺陷预测即利用软件度量数据以及发现缺陷历史数据，根据软件缺陷预测模型或机器学习和统计学习技术来预测软件系统中缺陷的分布、类型或数目。软件缺陷预测的目的主要是自动识别软件系统中含有缺陷的模块，以此来有效分配有限的测试资源，保证软件质量。软件缺陷预测技术主要可以分为静态软件缺陷预测技术和动态软件缺陷预测技术两种。静态软件缺陷预测技术主要是指基于由软件度量数据表示的静态代码属性，对缺陷数量或者其在软件模块中的分布进行预测的技术[1-4]。动态软件缺陷预测技术主要是指基于软件系统执行信息，对软件系统缺陷随时间的分布进行预测的技术[5-7]。

9.2.2　基于机器学习的静态软件缺陷预测

由于描述静态代码属性的难度要小于描述动态系统执行信息，静态软件缺陷预测技术在过去 30 年来一直是软件工程领域的重要研究内容之一。用于描述静态代码属性的测量称为软件度量，其一般可分为方法层度量、构件层度量、文件层度量、过程度量[1]。方法层度量可由软件工具自动收集，使得其在软件测试领域得到广泛应用。Locs、Halstead[2]和 McCabe[3]度量是最重要的方法层度量。Locs 是最简单的度量方法，其以程序的规模作为软件的度量值。Halstead 度量由 Maurice Halstead 于 1977 年提出，Halstead 通过计算程序中运算符和操作的数量来度量程序的复杂性，并得出结论：程序的复杂度越高，程序包含缺陷的风险越大[2]。McCabe 度量由 Thomas McCabe 于 1976 年提出，McCabe 度量通过分析程序模块间的流程图来度量程序的复杂性。McCabe 度量有三个主要属性：圈复杂度，$V(G)=e-n+2$，其中 G 为程序流程图，是一个有向图，它的每个节点代表一个程序状态，有向图的弧表示程序从一个状态至另一个状态的转换流向；e 是 G 中的弧数；n 是 G 中的节点数[4]。基本圈复杂度 $eV(G)=V(G)-m$，m 是 G 划分为单进单出子流程图的个数[4]。设计复杂度 $iV(G)$，其为模块简化后的流程图的圈复杂度。在本书中，我们主要介绍基于方法层度量的静态软件缺陷预测。

静态软件缺陷预测技术大体可以分为两类：一类是估计软件缺陷率模型技术，其通过分析随缺陷引入和排除因素之间的关系来建立较为复杂和综合的软件缺陷预测模型[4]。典型的软件缺陷预测模型主要有：COQUALMO 软件质量估算模型，其主要是估算最后软件交付发行时的缺陷率[5]；DRE 缺陷移除矩阵模型，其主要是计算整个系统的缺陷移除率[6]；Bayesian 模型，该模型通过建立缺陷引入和排除因子与缺陷的 Bayesian 网络，从而对遗留缺陷进行估算[7]；Capture-Recapture 模型，其主要是根据开发人员在测试过程中已发现的缺陷数来预测总的缺陷[8]。另一类是基于软件产品度量的缺陷分布预测技术，其利用机器学习中的分类或回归技术来分析采集到的与缺陷相关联的度量数据，从而预测缺陷在软件模块中的分布情况。本书中主要介绍基于机器学习的软件缺陷预测技术。

在基于方法层度量和机器学习技术的软件缺陷预测模型中，首先从各软件模块中提取方法层度量数据作为历史数据，然后根据已人工测试的部分结果标记已测试的软件模块为有缺陷模块或无缺陷模块。将这些已经人工标识的历史数据作为训练样本来学习一个缺陷预测器。最后，缺陷预测器将被用来预测那些未被人工测试过的软件模块，从而判定这些未被测试的软件模块是否是含有缺陷的模块，以此来指导软件测试人员将主要资源分配到被判定为有缺陷的模块中执行测试工作。目前，机器学习技术已被广泛应用于软件缺陷预测领域，例如，Khoshgoftaar 等成功地将基于案例推理的机器学习方法应用到软件缺陷预测领域，其预测模型是利用相似度函数将待预测样本分类到相似的训练样本所在类别[9]。该方法具有使用的度量元可多可少、运算量低的特点。Menzies 等比较了朴素贝叶斯与决策树在软件缺陷预测中的预测性能，实验结果表明，与决策树相比，朴素贝叶斯预测模型具有更好的分类效果。在基于朴素贝叶斯的预测模型中，Menzies 首次引入了信息增益特征选择的方法，这在面向大规模数据的软件缺陷预测领域具有重要的意义[10]。Elish 等将机器学习领域具有较强推广性与较高准确率的 SVM 运用到软件缺陷预测领域，其通过在 NASA 数据集上的实验证实 SVM 较之其他机器学习方法具有更好的分类效果[11]。Lessmann 等给出了一个软件缺陷预测技术比较的实验框架，并系统地给出了 22 种分类器比较结果。这 22 种分类方法可分为以下几类：统计学方法、最近邻方法、神经网络方法、支持向量机方法、决策树方法、集成学习方法。Lessmann 等在研究中用 AUC 代替了预测精度作为评价指标，从而更准确地比较了各分类算法的性能，最后其给出结论：简单分类器构成的模型足够分析软件缺陷与静态代码属性之间的联系，从而正确分类各个软件模块[12]。

9.3　代价敏感特征选择在软件缺陷预测中的应用

传统的特征选择算法以获取高准确率为目的，其隐性地赋予了不同的错分类类型相同的错分类代价。然而，在现实世界众多的情况下，不同的错误类型通常会导致不同的代价。例如，在软件缺陷预测领域存在两种类型的错分类。类型Ⅰ定义为：将无缺陷的软件模块预测为有缺陷的软件模块。类型Ⅱ定义为：将有缺陷的软件预测为无缺陷的软件模块。类型Ⅰ的错误代价是导致时间和人力资源被浪费在检测原本没有缺陷的软件模块上。类型Ⅱ的错误代价是导致有缺陷的软件模块未被检测，最终带有缺陷的软件系统被发行至用户手中。很明显，错误类型Ⅰ导致的代价要远低于错误类型Ⅱ导致的代价[13]。另一方法是，以选择对获取高准确率有益的特征为目标的特征选择算法隐性地赋予了来自不同类别的样本相同的权重，这说明这些特征选择算法隐性地认为样本类别是均衡的，这导致其在样本不均衡时算法的性能大大降低。然而，在现实世界中类不均衡问题不可忽视。同样，在软件缺陷预测领域也存在着类不均衡问题。Boehm 指出 20%的软件模块包含着 80%的软件缺陷[14]。反映到利用机器学习方法对软件缺陷预测的应用中就是训练样本中的有缺陷的样本数目要远远小于无缺陷样本的数目，即出现类不均衡问题。自 Saitta 将代价信息引入学习算法中提出了代价敏感学习以来，代价敏感学习作为在学习阶段解决代价敏感问题、类不均衡问题的有效方法，其已经成为机器学习领域的研究热点之一[15]。

9.3.1　双重代价敏感特征选择

在介绍具体的应用于软件缺陷预测的代价敏感特征选择方法前，首先介绍广泛应用于数据挖掘与机器学习领域的集中特征选择方法：Variance Score、Laplacian Score、Constraint Score。这三种特征选择算法均属于过滤式特征选择算法，其中 Variance Score、Laplacian Score 特征选择算法为未使用监督信息的无监督特征选择算法，Constraint Score 特征选择算法为使用了成对约束条件的部分监督特征选择算法。

1. Variance Score 特征选择算法

在概率论和统计学理论中，方差(Variance)是衡量数据集中数据分散程度的一种度量方法。方差通过描述数据集中的数据距离平均值(Mean)的远近来反映数据的概率分布情况，机器学习领域基于该数学理论提出了 Variance Score 特征选择算法。Variance Score 是机器学习领域最简单的一种特征选择算法，其基本思想是：某个特征空间的方差反映了该特征的重要性，方差越大该特征越重要。因此，Variance Score 特征选择算法选择那些具有大方差的特征。令 x_i 表示数据集中第 i 个样本，$f_{ri}(i=1,\cdots,m; r=1,\cdots,n)$ 表示样本

x_i 的第 r 个特征的值，定义

$$\mu_r = \frac{1}{m}\sum_{i=1}^m f_{ri} \tag{9-3-1}$$

则第 r 个特征的方差得分定义为

$$V_r = \frac{1}{m}\sum_{i=1}^m (f_{ri} - u_r)^2 \tag{9-3-2}$$

2. Laplacian Score 特征选择算法

Laplacian Score 特征选择算法以拉普拉斯特征映射[16](Laplacian Eigemaps)和局部保持投影[17](Locality Preserving Projection)为基础，其根据特征的局部保持能力来评估特征的重要性。Laplacian Score 特征选择算法的基本思想是在构建样本间的局部结构的无向加权图的基础上，选择能够最好保持该无向加权图中样本间局部结构的特征。

简单来讲，Laplacian Score 特征选择算法通过评价每个特征的 k 个近邻样本间局部结构的保持能力来衡量其重要性。与前述一致，令 x_i 表示数据集中第 i 个样本，$f_{ri}(i=1,\cdots,m; r=1,\cdots,n)$ 表示样本 x_i 的第 r 个特征的值，定义

$$\mu_r = \frac{1}{m}\sum_{i=1}^m f_{ri} \tag{9-3-3}$$

则第 r 个特征的 Laplacian Score 得分值定义如下[18]

$$L_r = \frac{\sum_{i,j}(f_{ri} - f_{rj})^2 S_{ij}}{\sum_i (f_{ri} - \mu_r)^2 D_{ii}} \tag{9-3-4}$$

其中，D 是一个对角矩阵，$D_{ii} = \sum_j S_{ij}$，S_{ij} 定义如下

$$S_{ij} = \begin{cases} \mathrm{e}^{\frac{x_i - x_j^2}{t}}, & \text{如果} x_i \text{和} x_j \text{是} k \text{近邻的} \\ 0, & \text{否则} \end{cases} \tag{9-3-5}$$

其中，t 为常量，人为根据具体情况设定；"x_i 和 x_j 是 k 近邻的"意思是 x_j 是 x_i 的 k 个近邻之一，或者 x_i 是 x_j 的 k 个近邻之一，其中 k 值亦是人为根据具体情况设定的。具体的 Laplacian Score 特征选择算法流程如图 9-1 所示。

算法 9.1　Laplacian Score
输入：数据集 $X=[x_1, x_2, \cdots, x_m]$
　　　设定参数 t, k
输出：特征排列
方法：
　　步骤 1：构建具有 m 个节点的邻接图，第 i 个节点对应于样本 x_i。如果 x_i、x_j 是 k 近邻的，则赋予邻接图中节点 i 和节点 j 一条边。
　　步骤 2：如果节点 i 和节点 j 之间存在一条边则由式(9-3-5)计算 S_{ij}，否则令 $S_{ij}=0$。计算矩阵 D。
　　步骤 3：按式(9-3-4)计算每个特征的 Laplacian Score。
　　步骤 4：对各特征按 Laplacian Score 降序排列，输出排序后各特征。

图 9-1　Laplacian Score 算法流程

3. Constraint Score 特征选择算法

Constraint Score 特征选择算法是一种利用样本间的约束信息作为监督信息的有监督的特征选择算法。Constraint Score 特征选择算法的基本思想是：一个"好"的特征应该具有样本间的约束保持能力。确切地讲，如果两个样本间存在正约束(Must-Link)，那么一个"好"的特征应该能够使这两个样本在该特征空间内距离很近；如果两个样本间存在负约束(Cannot-Link)，那么一个"好"的特征应该使得这两个样本在该特征空间内距离很远[19,20]。

给定样本集 $X=[x_1, x_2, \cdots, x_m]$，样本监督信息：成对正约束集 $M=\{(x_i, x_j)|x_i$ 和 x_j 属于同一类\}，成对负约束集 $C=\{(x_i, x_j)|x_i$ 和 x_j 不属于同一类\}。令 x_i 表示数据集中第 i 个样本，$f_{ri}(i=1,\cdots,m; r=1,\cdots,n)$ 表示样本 x_i 的第 r 个特征的值。利用成对约束集 M 和 C 定义两种计算第 r 个特征的 Constraint Score 得分函数如下[19]

$$C_r^1 = \frac{\sum_{(x_i,x_j)\in M}(f_{ri}-f_{rj})^2}{\sum_{(x_i,x_j)\in C}(f_{ri}-f_{rj})^2} \tag{9-3-6}$$

$$C_r^2 = \sum_{(x_i,x_j)\in M}(f_{ri}-f_{rj})^2 - \lambda\sum_{(x_i,x_j)\in C}(f_{ri}-f_{rj})^2 \tag{9-3-7}$$

式(9-3-6)与式(9-3-7)计算出的特征得分均反映了特征保持约束信息的能力，不同点在于，式(9-3-7)引入正则化系数 λ 来平衡式(9-3-7)中两项的作用。通常同类样本间的距离要小于不同类样本间的距离，因此设定 $\lambda<1$。具体的 Constraint Score 特征选择算法流程如图9-2所示。

算法：Constraint Score

输入： 数据集 $X=[x_1, x_2,\cdots, x_m]$

　　　　正约束集合 $M=\{(x_i, x_j)|x_i$ 和 x_j 属于同一类\}

　　　　负约束集合 $C=\{(x_i, x_j)|x_i$ 和 x_j 不属于同一类\}

　　　　设定参数 λ

输出： 特征排列

方法：

步骤1：分别利用式(9-3-6)(Constraint Score-1)和式(9-3-7)(Constraint Score-2)对 n 个特征计算其约束得分。

步骤2：按特征的约束得分升序排列特征，并按顺序输出特征。

图9-2　Constraint Score 算法流程

9.3.2 代价敏感特征选择算法思想概述

在现实应用中，不同类型的错误分类通常会导致不同的代价。假设有 c 类样本，不失一般性，我们设定将第 i 类($i\in\{1,\cdots,c-1\}$)样本错误分类为第 c 类造成的代价要高于将第 c 类样本错误分为第 i 类的代价。基于以上假设我们将第 $1\sim c-1$ 类称为组内(In-Group)类，将第 c 类称为组外(Out-Group)类。通常可以将错误分类造成的代价分为以下三类[21,22]。

(1)错误接受代价(Cost of False Acceptance)C_{OI}：将组外类样本错误分类为组内类样本造成的代价。

(2)错误拒绝代价(Cost of False Rejection)C_{IO}：将组内类样本错误分类为组外类样本造成的代价。

(3)错误识别代价(Cost of False Identification)C_{II}：将组内类中某一类的样本错误分类为组内类中另一类造成的代价。

由一般常识可知，C_{IO}、C_{II} 与 C_{OI} 的值一般是不相等的。根据文献[23]和文献[24]，令 $C_{OI}=C_{OI}/C_{II}$，$C_{IO}=C_{IO}/C_{II}$，同时令 $C_{II}=1$ 将不会改变算法结果，该设定中暗含了将组内类样本错误识别的代价是相同的。令 $\text{Cost}(i,j)$ $(i, j \in \{1,\cdots,c\})$ 表示将第 i 类样本错误分类为第 j 类的代价，令 $l_i \in \{I_1,\cdots,I_{c-1},O\}$ 表示样本 x_i 的类标号，$I_j (j=1,\cdots,c-1)$ 为组内类标号，O 为组外类的标号，则构建的代价矩阵(Cost Matrix)C 如表 9-1 所示。

表 9-1　代价矩阵

	I_1	$\cdots$	I_{c-1}	O
I_1	0	$\cdots$	C_{II}	C_{IO}
$\vdots$	$\cdots$			$\cdots$
I_{c-1}	C_{II}	$\cdots$	0	C_{IO}
O	C_{OI}	$\cdots$	C_{OI}	0

在代价矩阵中，正确预测的代价为 0，即对角元素均为 0。在实际应用中，通常代价矩阵由用户或领域专家提供，因为在具体问题中领域专家或用户能够更好地了解不同类型的错误造成的代价的严重性。此外，在代价矩阵的基础上，与文献[22]、文献[23]、文献[25]相同，我们定义重要性函数 $f(k)$ 用于衡量第 $k(1 \leqslant k \leqslant c)$ 类样本的重要性，其定义如下

$$f(k) = \begin{cases} (c-2)C_{II} + C_{IO}, & \text{如果} k = 1,2,\cdots,c-1 \\ (c-1)C_{OI}, & \text{否则} \end{cases} \tag{9-3-8}$$

我们以代价矩阵和重要性函数的形式将代价敏感信息引入特征选择阶段，进而提出代价敏感特征选择算法。传统特征选择算法在衡量某一特征的重要性时，主要是通过分析样本在该特征空间的分布情况来确定该特征的重要性。在此过程中传统特征选择算法忽略了样本本身的重要性，很显然不同类别的样本往往具有不同的重要性。代价敏感特征选择算法通过赋予代价较高一类样本高权重和赋予代价较低样本低权重的方式在特征选择阶段引入代价信息，如此，每个样本在评价函数对特征进行打分时就有着不同的重要性。在代价敏感特征选择算法中，首先，在涉及样本代价信息时，我们将重要性函数 $f(k)$ 的值作为权重赋予该样本。其次，在涉及不同类样本间的代价信息时，将错误分类代价作为权重。以上述方式强调代价高类别样本的重要性，降低代价低类别样本的方式最终实现了代价敏感特征选择。

9.3.3　CSVS 特征选择算法

由 Variance Score 特征选择思想，我们应该选择在特征空间具有较大方差的特征。

在 CSVS (Cost-Sensitive Variance Score) 特征选择算法中，我们依然认为该思想适用。此外，我们认为一个对降低总的错分类代价有益的特征还需要具有一个特性：组外类样本在该特征子空间的方差与组内类样本在该特征子空间的方差的比值应该尽可能大。因此，第 r 个特征的 CSVS 得分如下

$$V_r = \frac{\dfrac{c-1}{n_c}\sum_{i=1}^{n_c} f(c)(f_{ri}-\mu_r)^2}{\sum_{i=1}^{c-1}\dfrac{1}{n_i}\sum_{j=1}^{n_i} f(i)(f_{rj}-\mu_r)^2} \tag{9-3-9}$$

其中，n_i 表示第 $i(1\leqslant i\leqslant c)$ 类样本的总数；$f_{ri}(i=1,\cdots,m;\ r=1,\cdots,n)$ 表示第 r 个特征在第 i 个样本上的数值，并且

$$\mu_r = \frac{1}{m}\sum_{i=1}^{m} f_{r_i}$$

9.3.4　CSLS 特征选择算法

令 y_i 表示样本 x_i 的类标，$\mathrm{Cost}(i,j)\ (i,j\in\{1,\cdots,c\})$ 表示将第 i 类样本错分类为第 j 类样本的代价。以 Laplacian Score 特征选择算法思想为基础，引入代价敏感信息，得到在 CSLS (Cost-Sensitive Laplacian Score) 特征选择算法中，第 r 个特征的 CSLS 得分 L_r (L_r 越小越好) 计算公式如下

$$L_r = \sum_{i,j}[-\mathrm{Cost}(y_i,y_j)](f_{ri}-f_{rj})^2 S_{ij} - \lambda\sum_i f(i)(f_{ri}-\mu_r)^2 D_{ii} \tag{9-3-10}$$

其中，$f_{ri}(i=1,\cdots,m;\ r=1,\cdots,n)$ 表示第 r 个特征在第 i 个样本上的数值，并且 $\mu_r = \dfrac{1}{m}\sum_{i=1}^{m} f_{ri}$；$D$ 是一个对角矩阵，$D_{ii}=\sum_j S_{ij}$，S_{ij} 的定义见式 (9-3-5)。在式 (9-3-10) 中，我们引入正规化系数 λ 来调整公式中两项对于整个结果的影响力。由于 $f(i)$ 的值通常要大于 $\mathrm{Cost}(y_i,y_j)$，所以我们设定 $\lambda<1$。

9.3.5　CSCS 特征选择算法

与前述一致，令 $f_{ri}(i=1,\cdots,m;\ r=1,\cdots,n)$ 表示第 r 个特征在第 i 个样本上的数值，并且 $\mu_r = \dfrac{1}{m}\sum_{i=1}^{m} f_{ri}$。令 $\mathrm{Cost}(i,j)$ 表示将第 i 类样本错分类为第 j 类样本的代价。根据 Constraint Score，一个"好"的特征应该具有的样本间的约束保持能力的思想，在此基础上再引入代价敏感信息，第 r 个特征的 CSCS (Cost-Sensitive Constraint Score) 得分 C_r (C_r 越小越好) 计算如下

$$C_r = \sum_{(x_i,x_j)\in M} f(y_i)(f_{ri}-f_{rj})^2 - \lambda\sum_{(x_i,x_j)\in C} \mathrm{Cost}(y_i,y_j)(f_{ri}-f_{rj})^2 \tag{9-3-11}$$

其中，M 为正约束集，其定义为 $M=\{(x_i,x_j)\mid x_i,x_j$ 属于同一类别$\}$；C 为负约束集，其定义为 $C=\{(x_i,x_j)\mid x_i,x_j$ 属于不同类别$\}$；λ 为正则化系数，用于平衡式 (9-3-11) 中两项对整个结果的影响。由于 $f(i)$ 的值通常大于 $\mathrm{Cost}(y_i,y_j)$，且同一类别样本间的距离小于不同

类别样本间的距离，我们设定 $\lambda < 1$。

9.3.6　实验及结果分析

本节通过在多个 UCI 高维数据集[26]和 NASA 软件缺陷预测标准数据集[27]上的实验，对比了传统特征选择算法和代价敏感特征选择算法在类不均衡样本上的性能以及处理代价敏感问题的能力。

1. 实验设置

实验中，我们选取 UCI 数据池中的 Heart、Hepatitis、Sonar、Zoo、Vehicle、Segment 六个数据集以及 NASA 数据池中的 CM1、KC3、MW1、PC1、PC3、PC4 六个数据集。为准确反映代价敏感特征选择算法在类不均衡情况下的性能，以上数据集均为类不均衡数据集。本章主要考虑所提算法在数据集上的分类性能，因此实验的主要流程为：首先利用传统特征选择算法和代价敏感特征选择算法分别对训练样本进行特征选择，然后将测试集分别投影到两种特征选择算法的特征子空间，最后用分类算法对经过特征选择处理的测试集数据进行分类，比较两种不同分类算法对分类的作用效果。

在 UCI 数据集上，式 (9-3-10) 中的正规化参数 λ 设定为 0.001，式 (9-3-11) 中的正规化参数 λ 设定为 0.05，C_{OI}、C_{II}、C_{IO} 分别设定为 2、1、20。后续分类算法采用支持向量机 (SVM) 分类算法。根据文献[19]，Constraint Score 特征选择算法在选择数目相等的正约束集和负约束集时的效果要优于数目不相等的情况，因此，实验中正约束集和负约束集的数目均设定为 100。选取的六个 UCI 数据集中存在多类数据集，且本章主要研究代价敏感特征选择算法在处理代价敏感问题和类不均衡问题方面的性能优势，因此实验中采用错分类总代价 (Total Cost)、错误接受率 Err_{OI} (Error Rate of False Acceptance) 作为主要评价指标，同时我们将错误拒绝率 Err_{IO} (Error Rate of False Rejection)、错误率 Err 作为参考指标。为了准确反映算法性能，结果为 10 次 10-折交叉验证 (CV) 结果的平均值。

在 NASA 数据集上，首先将式 (9-3-10) 中的正规化参数 λ 设定为 0.001，式 (9-3-11) 中的正规化参数 λ 设定为 0.05，C_{OI}、C_{IO} 分别设定为 2、20。根据文献[28]，支持向量机分类算法在软件缺陷预测中能够获得较好的性能，因此后续分类算法采用这种分类算法。实验中正约束集和负约束集的数目均设定为 100。NASA 数据集为两类问题，与 UCI 多类数据集不同，NASA 实验中采用错分类总代价、敏感度 (Sensitivity) 作为主要评价指标，同时我们记录准确率 (Accuracy)、特指度 (Specificity) 作为参考指标。同样实验结果为 5 次 5-折交叉验证结果的平均值。

2. UCI 数据集

下面我们通过在 6 个 UCI 数据集上的实验来分析代价敏感特征选择算法的性能，数据集的统计信息如表 9-2 所示。

表 9-2　UCI 数据集的统计信息

数据集	样本	特征	类别
Heart	270	13	2
Hepatitis	155	19	2
Sonar	208	60	2
Zoo	101	16	7
Vehicle	846	18	4
Segment	2310	19	7

我们主要比较引入代价信息后的代价敏感特征选择算法与对应的传统特征选择算法的性能。表 9-3 记录了三种传统特征选择算法和三种代价敏感特征选择算法在 6 个 UCI 数据集上获得最小错分类代价时错分类总代价、错误接受率两个主要评价指标，以及错误拒绝率、错误率两个参考指标的值。在最小代价指标值的括号中同时记录各特征选择算法所选取的特征个数。在表 9-3 中，我们将每个数据集上每对特征选择算法中获得的较小错分类代价值以下划线表示。

表 9-3　三种特征选择算法在 UCI 数据集上的最高分类性能

Data Set		Feature Selection+SVM						Baseline
		VS	CSVS	LS	CSLS	CS	CSCS	SVM
Heart	Cost	51.80(10)	51.00(11)	54.12(13)	52.70(11)	54.12(13)	50.00(12)	54.12
	Err/%	15.93	14.44	15.56	15.26	15.56	15.93	15.56
	Err_{OI}/%	12.67	10.00	21.17	20.58	21.17	19.17	21.17
	Err_{IO}/%	20.00	19.00	11.07	11.00	11.07	11.00	11.07
Hepatitis	Cost	26.06(19)	6.4(1)	36.26(3)	6.9(2)	26.00(18)	25.08(17)	26.06
	Err/%	16.12	6.50	20.50	6.80	16.50	16.30	16.12
	Err_{OI}/%	41.13	0.00	89.07	0.00	9.52	9.00	41.13
	Err_{IO}/%	9.60	9.00	4.05	8.90	43.33	43.03	9.60
Sonar	Cost	53.92(46)	51.14(40)	40.00(38)	36.6(26)	53.8(60)	51.73(58)	51.56
	Err/%	15.39	25.61	22.50	22.29	25.67	25.12	25.69
	Err_{OI}/%	21.62	20.03	15.23	13.23	21.59	20.73	29.96
	Err_{IO}/%	29.74	31.53	31.39	32.78	30.93	30.56	22.02
Zoo	Cost	6.70(9)	5.00(9)	3.86(13)	3.00(11)	3.06(9)	2.5(3)	8.00
	Err/%	9.61	12.11	16.61	15.93	6.28	5.92	3.93
	Err_{OI}/%	20.00	10.00	6.00	2.00	2.50	0.00	26.00
	Err_{IO}/%	4.29	3.11	3.43	3.44	2.96	2.85	19.11
Vehicle	Cost	164.49(18)	159.55(9)	176.05(17)	174.12(15)	178.23(18)	165.99(9)	178.00
	Err/%	20.69	18.95	29.99	28.72	19.38	12.18	30.00
	Err_{OI}/%	9.95	3.83	5.11	4.00	8.84	3.55	6.05
	Err_{IO}/%	30.00	32.02	35.12	34.67	35.57	31.18	36.00
Segment	Cost	125.68(19)	101.96(12)	103.9(14)	97.6(14)	123.6(13)	64.0(11)	130.4
	Err/%	16.18	16.97	18.72	18.34	24.68	20.91	25.18
	Err_{OI}/%	6.06	1.98	1.04	3.00	1.71	1.82	6.06
	Err_{IO}/%	20.00	22.00	28.53	26.43	34.72	21.12	30.00

从表 9-3 可以看出：每个代价敏感特征选择算法都能在所有 6 个数据集上获得比其对应的传统特征选择算法更小的错分类代价，且代价敏感特征选择算法在获得最小错分类代价时所需要的特征数目都小于传统特征选择算法在达到最优性能时所需的特征个数。通过分析四个性能指标可以发现，代价敏感特征选择算法主要是通过控制代价较高的错误接受率(Err_{OI})来控制总的错分类代价。值得注意的是，代价敏感特征选择算法在控制错误接受率的同时很好地控制了错误拒绝率(Err_{IO})，从而总的错误率(Err)也得到了很好的控制。这些性能指标都很好地符合了算法设计的初衷。

3. NASA 数据集

在 NASA 数据池的每个数据集有若干样本，每个样本对应于一个软件模块，其由若干静态代码属性和标识该软件模块中缺陷数量的属性组成。NASA 数据池中的数据集中标记的静态代码属性主要有代码行数(LOC)、Halstead 属性和 McCabe 度量。Halstead 属性通过统计程序中的操作符(Operator)和操作数(Operand)来估计软件模块的可读复杂度[2]。McCabe 度量则是通过分析软件模块的流程图(Flow Graph)来估计软件模块的复杂性[3]。

如同文献[29]，我们对原始数据作如下处理。

(1) 标记样本：将样本中的识别属性，即标记软件模块中缺陷数目的属性转换为布尔属性。将缺陷数目大于 0 的样本标记为-1，将无缺陷的样本标记为 1。

(2) 处理空值：将数据集中出现的空缺值用 0 代替。

(3) 删除重复值与不一致值：在二值分类中，两个样本具有相同属性却具有不同标号的情况是非法的，因此我们删除不一致的样本对。此为我们删除数据集中重复出现的样本。

(4) 删除固定属性：在某些数据集中，一些属性对于该数据集中的所有样本具有相同的值，一般认为这样的属性对于分类没有作用，因此我们删除这样的属性。

经过预处理后，各数据集的详细情况如表 9-4 所示。

表 9-4　软件缺陷预测数据集详细信息

系统	语言	数据集	模块数	缺陷模块/%	特征数
Spacecraft Instrument	C	CM1	456	17.32	39
Storage Management	Java	KC3	1212	23.67	39
DB	C	MW1	382	7.07	39
Flight Software for Earth Orbiting Satellite	C	PC1	959	7.09	39
		PC2	1406	1.56	39
		PC3	1440	3.75	39
		PC4	1344	13.17	39

在软件缺陷预测应用中，预测结果可以表示为如表 9-5 所示的混淆矩阵(Confusion Matrix)。

表 9-5　软件缺陷预测混淆矩阵

Predicted		Actual	
		Defect	Not Defect
	Defect	TP	FP
	Not Defect	FN	TN

从表 9-5 可以看出，与多类别分类不同，软件缺陷预测是二值分类问题，因此不同于多类中的三类错误，其只有两类分类错误，分别为错误拒绝和错误接受。在两类问题中，衡量算法性能的敏感度(Sensitivity)、特指度(Specificity)定义如下

$$Sensitivity = \frac{TP}{TP + FN} \tag{9-3-12}$$

$$Specificity = \frac{TN}{FP + TN} \tag{9-3-13}$$

表 9-6 记录了三种代价敏感特征选择算法在与 SVM 分类器结合时在 NASA 软件缺陷预测标准数据集上获得最小代价时的各项指标信息。从表 9-6 我们可以发现，代价敏感特征选择算法与传统特征选择算法相比，在达到最高性能时所需的特征数也较少。可以发现，代价敏感特征选择算法较之对应的传统特征选择算法能够获得更高的敏感度。代价敏感特征选择算法能够获得较高的敏感度说明其能够很好地解决类不均衡问题，较高的敏感度指标说明代价敏感特征选择算法较之传统的特征选择算法很好地提高了类不均衡数据集中样本数很少的一类样本的预测精度。同时，我们可以发现，较高的敏感度指标说明代价敏感特征选择算法很好地控制了代价较高一类错误的数量。

表 9-6　各种特征选择算法在 NASA 数据集上的最高分类性能(分类器为 SVM)

Data Set		Feature Seletion+SVM						Baseline
		VS	CSVS	LS	CSLS	CS	CSCS	SVM
CM1	Cost	83.5(38)	63.3(5)	87.4(38)	71.1(31)	85.7(16)	64.8(13)	90.6
	Accuracy/%	87.82	90.54	87.59	90.09	87.26	91.33	85.59
	Sensitivity/%	95.5	96.5	96.22	97.03	95.41	97.84	94.00
	Specificity/%	48.7	62.2	45.80	57.23	48.84	59.91	45.29
KC3	Cost	28.7(31)	22.8(9)	36.4(39)	23.2(15)	32.4(36)	16.6(12)	36.5
	Accuracy/%	94.13	94.87	93.57	93.24	94.54	96.14	93.98
	Sensitivity/%	97.65	97.31	98.69	95.93	98.69	98.00	98.68
	Specificity/%	58.64	73.64	38.64	65.45	52.73	80.45	48.77
MW1	Cost	22.4(30)	0.4(2)	36.1(34)	15.1(12)	20.5(9)	4.5(10)	29.5
	Accuracy/%	96.21	98.92	95.33	95.27	96.21	98.11	95.59
	Sensitivity/%	98.86	98.86	99.71	96.86	98.57	98.57	98.97
	Specificity/%	51.11	100	37.22	72.78	65.56	90.00	56.55
PC1	Cost	34.0(27)	2.0(1)	39.6(38)	18.7(12)	39.9(32)	10.2(7)	45.5
	Accuracy/%	96.27	99.89	96.40	98.35	96.39	99.30	96.54
	Sensitivity/%	97.75	100	98.20	99.21	97.87	99.78	98.73
	Specificity/%	79.05	98.33	75.95	88.81	80.00	95.49	70.23

续表

Data Set		Feature Selecion+SVM						Baseline
		VS	CSVS	LS	CSLS	CS	CSCS	SVM
PC2	Cost	14.3 (29)	0.1 (2)	12.2 (29)	6.1 (11)	10 (16)	0.1 (1)	22.0
	Accuracy/%	99.30	99.93	99.43	99.72	99.65	99.72	98.93
	Sensitivity/%	99.78	99.93	99.86	99.93	100	99.93	99.69
	Specificity/%	72.50	100.00	75.00	87.50	80.00	87.50	50.75
PC3	Cost	105.7 (26)	0.0 (1)	119.9 (30)	19.6 (11)	92.2 (15)	17.7 (11)	119.2
	Accuracy/%	90.13	100.00	89.30	98.32	92.74	98.27	88.59
	Sensitivity/%	92.71	100	92.30	98.76	95.19	98.68	91.43
	Specificity/%	68.57	100	62.18	94.7	72.46	95.09	64.83
PC4	Cost	79.5 (29)	0.0 (2)	83.7 (34)	44.1 (11)	93.7 (27)	30.0 (15)	91.01
	Accuracy/%	96.07	100.00	94.31	96.89	93.96	97.46	94.64
	Sensitivity/%	78.95	100.00	78.01	88.33	75.07	92.11	75.51
	Specificity/%	98.74	100.00	96.83	98.20	96.85	98.28	97.58

9.4　小　　结

本章首先分析了传统特征选择算法在面对代价敏感问题、类不均衡问题时遇到的困难，在此基础上通过将代价敏感信息引入特征选择阶段并结合代价敏感学习思想，提出了代价敏感特征选择算法。代价敏感特征选择算法通过赋予代价较高一类样本较大的权重从而选择对提高代价较高一类样本预测准确性有利的特征，最终达到降低总的错分类代价的目的。通过以上方法，代价敏感特征选择算法在降维的同时很好地解决了传统特征选择算法不能应对的类不均衡问题、代价敏感问题。通过在 UCI 数据集和 NASA 软件缺陷预测标准数据集上的实验，我们发现代价敏感特征选择算法在多类数据集和两类数据集上都能获得较好的性能。

参 考 文 献

[1] Catal C, Diri B. A systematic review of software fault prediction studies[J]. Expert Systems with Applications, 2008, 36 (4)：7346-7354.

[2] Halstead M. Elements of Software Science[M]. Amsterdam: Elsevier, 1977.

[3] McCabe T. A complexity measure[J]. IEEE Transaction on Software Engineering, 1976, 2 (4):308-320.

[4] Fenton N E, Pfleeger S. Software Metrics: A Rigorous And Practical Approach[M]. 2nd ed. London: International Thompson Press, 1995.

[5] Chulani S, Boehm B. Modeling software defect introduction and removal: CQQUQLMO (Constructive QUAlity Model)[R]. Technical Report, USC-CSE-99-510, 1999.

[6] Fagan M E. Measuring programming quality and productivity[J]. IBM System Journal, 1978, 17 (1)：39-63.

[7] Feton N E, Martain N, Willianm M, et al. Predicting software defects in varying development lifecycles using Bayesian nets[J]. Information and Software Technology, 2007, 49 (1): 32-43.

[8] Mills H. On the statistical validation of computer programs[R]. Technical Report, FSC-72-601, 1972.

[9] Khoshgoftaar T M, Seliya N. Fault prediction modeling for software quality estimation: Comparing commonly used techniques[J]. Empirical Software Engineering, 2003, 8 (3)：212-222.

[10] Menzies T, Greenwald J, Frank A. Data mining static code attributes to learn defect predictors[J]. IEEE Transaction on Software Engineering, 2007, 32 (11): 2-13.

[11] Elish K O, Elish M O. Prediction defect-prone software modules using support vector machine[J]. Journal of Systems and Software, 2008, 81 (5): 649-660.

[12] Lessmann B B, Mues C, Pietsch S. Bechmarking classification models for software defect prediction: A proposed framework and novel findings[J]. IEEE Transcations on Software Engineering, 2008, 34 (4):485-496.

[13] Khoshgoftaar T M, Geleyn E, Nguyen L. et al. Cost-sensitive boosting in software quality modeling[C]// Proceedings of seventh IEEE International Symposium on High Assurance Systems Engineering, 2002: 51-60.

[14] Boehm B W. Industrical software metrics top 10 list[J]. IEEE Software, 1987, 4 (5): 84-85.

[15] Saitta L. Machine Learning - A Technological Roadmap[D]. Amsterdam: University of Amsterdam, 2000.

[16] Belkin M, Niyogi P. Laplacian eigenmaps and spectral techniques for embedding and clustering[J]. Advances in Neural Information Proceedings Systmes, 2001: 14.

[17] He X, Niyogi P. Loaclity preserving projections[J]. Advances in Neural Information Processing Systems, 2003: 16.

[18] He X, Cai D, Niyogi P. Laplacian score for feature selection[C]// Advances in Neural Information Processing Systems, Cambridge, 2005, 17: 507-514.

[19] Zhang D Q, Chen S C, Zhou Z H. Constraint score: A new filter method for feature selection with pairwise constraint[J]. Pattern Recognition, 2008, 41 (5): 1440-1451.

[20] Zhang D Q, Chen S C, Zhou Z H, et al. Constraint projections for ensemble learning[C]// Proceedings of the 23rd AAAI Conference on Artificial Intelligence, Chicago, 2008.

[21] Zhang Y, Zhou Z H. Cost-sensitive face recognition[C]// Proceedings of the IEEE Computer Society Conference on Computer Vision and Pattern Recognition, Anchorage, 2008.

[22] Lu J, Tan Y P. Cost-sensitive subspace learning for face recognition[C]// IEEE Conference on Computer Vision and Pattern Recognition, 2010.

[23] Zhou Z H, Liu X Y. Training cost-sensitive neural networks with methods addressing the class imbalance problem[J]. IEEE Transactions on Knowledge and Data Engineering, 2006, 18 (1): 63-77.

[24] Liu X Y, Zhou Z H. Exploratory under-sampling for class-imbalance learning[C]// Proceedings of the 6th IEEE International Conference on Data Mining, Hong Kong, 2006: 965-969.

[25] Ting K M. An instance-weighting method to induce cost-sensitive trees[J]. IEEE Transactions on Knowledge and Data Engineering, 2002, 14 (3): 659-665.

[26] Blake C, Keogh E, Merz C. UCI repository of machine learning databases[EB/OL]. http://www.ics.uci.edu/~mlearn/MLRepository.html[1998].

[27] Chapman M, Callis P, Jackson W. Metrics data program, NASA IV and V facility[EB/OL]. http://mdp.ivv.nasa.gov[2004].

[28] Lessmann S, Baesens B, Mues C,et al. Benchmarking classification models for software defetct prediction: A proposed framework and novel findings[J]. IEEE Transaction on Software Engineering, 2008, 4 (34): 485-496.

[29] Gray D, Bowes D, Davey N, et al. Using the support vector machine as a classification method for software defect prediction with static code metrics[J]. Engineering Applications of Neural Networks, 2009, 43: 223-234.

第 10 章 基于进化计算的数据挖掘

10.1 引 言

近年来，数据挖掘引起了信息产业界的极大关注，即如何将已存在的大量数据转换成有用的信息和知识。数据挖掘已经被广泛应用，包括商务管理、生产控制、市场分析、工程设计和科学探索等。数据挖掘(Data Mining)就是从大量的、不完全的、有噪声的、模糊的、随机的数据中，提取可信、新颖、有效并能被人理解的信息和知识的高级处理过程。

最近十几年，进化计算无论是在理论分析还是在工业应用上都取得了显著的发展。它涉及的领域已由最初的生物计算发展到各种类型的自然计算算法和技术，这其中包括进化计算、神经计算、生态计算、社会和经济计算等。进化计算是一种模拟进化过程作为其计算模型的问题解决体系。本章主要介绍基于进化计算的数据挖掘技术。

10.2 进 化 计 算

10.2.1 进化算法

进化计算[1]最初主要借助(生物界)自然进化和演变的启示，根据其规律(图 10-1)，设计出的各种计算方法的总称。同时它又是一个快速发展的多学科交叉领域：数学、生物学、物理学、化学、心理学、神经科学和计算机科学等学科的规律都可能成为进化计算的基础和思想来源。通过研究各种类型智能优化的技术和方法来解决大规模的、复杂的以及动态的优化问题。进化计算是一种具有高鲁棒性和广泛适用性的全局优化方法，具有自组织、自适应、自学习的特性。

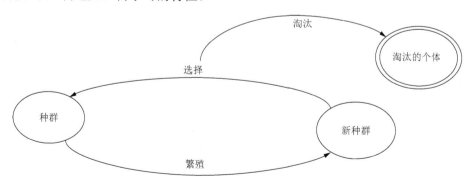

图 10-1　生物进化过程

进化计算最初被分为 4 个分支：进化策略、进化规划、遗传算法和遗传规划。虽然进化计算有很多变化，但是进化计算中的所有方法都是使用基于扰动(如交叉和变异)和接受(选择和复制)的机制，对优化问题的最优解进行搜索的过程。其大致过程如下：进化计算维护一个代表问题潜在解的群体，通过对群体使用交叉、变异、选择等机制，使得群体不断进化。进化计算的进化过程是一个不断迭代的过程，直到满足算法终止条件。

在进化算法中，问题的每个有效解称为一个"染色体(Chromosome)"，相对于群体中每个生物个体(Individual)。染色体的具体形式是一个使用特定编码方式生成的编码串。编码串中的每一个编码单元称为"基因"。进化计算对群体解进行的自然选择的进化过程可以被看成在染色体值空间的一个搜索过程。从这个意义上讲，进化算法正是一种对给定问题求最优解的随机搜索方法。进化计算主要受到以下几个部分的影响。

编码：根据优化问题的特性对解进行编码，得到其对应的染色体。

适应度函数：用来计算染色体对应的适应度，表征个体的生存能力。

初始化：种群染色体的初始化一般是随机的，也可由其他方法生成初始解。

选择(Selection)：按照一定规则对群体的染色体进行选择，得到父代种群。一般来说，越优秀的染色体被选中的次数越多。

繁殖(Reproduction)：通过交叉、变异等算子繁殖新的染色体，生成的新种群代替原有群体进入下一次进化。

表 10-1 描述了以上几部分如何组合成一个通用进化算法，并在图 10-2 中给出了该算法的流程图。

表 10-1　一般的进化算法

算法：一般的进化算法
输入：群体 $L(0)$ 以及群体个数 n_s，适应度函数，终止条件
输出：一组非支配解集(最新的群体)

(1) 令代数计数器 $t=0$；
(2) 初始化 n_x 维的群体 $L(0)$，包含 n_s 个个体；
(3) While 终止条件不为真 do
　　获得每个个体 $x_i(t)$ 的适应度值 $f(x_i(t))$；
　　采用复制算法来产生后代；
　　选择新群体 $L(t+1)$；
　　进入下一代，即 $t=t+1$；
　　end

总之，传统的优化和人工智能方法相比较，进化计算方法的主要优势包括：可接受的计算复杂度、广泛的应用性、出色的实际问题解决能力、和其他方法结合的潜力、并行性、鲁棒性、自适应性等。因此，进化计算得到越来越广泛的关注，并与传统的人工智能技术相互交叉、取长补短。

10.2.2　多目标进化算法

进化计算基于群体合作的优点使它特别适合用来解决多目标优化需求的问题。在多目标优化问题中，我们需要找到一个在多个目标之间进行权衡得到的解的集合，以便人类专家进行决策选择。在这种情况下，基于群体的进化计算具有提供整个潜在解的集合

的优势。下面简单介绍一些多目标优化中的概念。

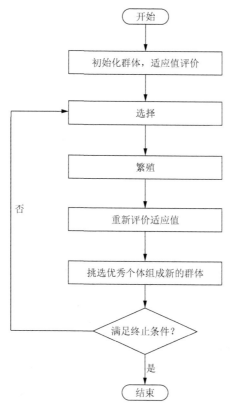

图 10-2　遗传算法流程图

定义 10.1（多目标优化问题）　一个具有 n 个决策变量，m 个目标变量的多目标优化问题可表述为

$$\min / \max \quad y = F(x) = [f_1(x), f_2(x), \cdots, f_m(x)]^T$$

其中，$x = (x_1, x_2, \cdots, x_n) \in X \subset R^n$ 是决策变量，X 为决策空间；$y = (y_1, y_2, \cdots, y_m) \in Y \subset R^m$ 是目标矢量，Y 为目标空间；目标函数 $F(x)$ 定义了 m 个由决策空间向目标空间的映射函数。

定义 10.2（Pareto 占优）　假设 $x, y \in X$ 是多目标优化问题的两个解，则称与 y 相比，x 是 Pareto 占优的，当且仅当

$$\forall i = 1, 2, \cdots, m, \quad f_i(x) \leqslant f_i(y) \land \exists j = 1, 2, \cdots, m, \quad f_j(x) < f_j(y)$$

记为 $x \succ y$，也称为 x 支配 y，如图 10-3(a)所示，a 支配 b。

定义 10.3（Pareto 最优解）　一个解 $x \in X$ 被称为 Pareto 最优解（非支配解），当且仅当

$$\neg \exists y \in X : y \succ x$$

定义 10.4（Pareto 最优解集）　Pareto 最优解集就是所有 Pareto 最优解的集合。

定义 10.5（Pareto 前沿面）　Pareto 最优解集中所有的 Pareto 最优解对应的目标矢量形成的曲面称为 Pareto 前沿面 PF，如图 10-3(b)所示。

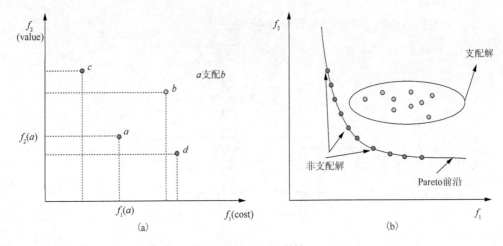

图 10-3　Pareto 前沿

　　传统的进化算法是单目标优化算法，也就是说，只设置一个适应度函数评估每个个体的优劣程度，但是现实生活中的很多问题都具有相互冲突的评价标准，因此需要同时考虑多个目标，并在多个目标中进行权衡决策[2]。不同于单目标优化算法，多目标进化算法的目标是近似出表示多个目标间权衡信息的帕里托前沿(Pareto Front)，如图 10-3所示。前沿上的其中任何一个解都无法在不降低一个目标表现的基础上，在另一个目标上得到提升。多目标进化算法相比于传统的算法能够极大地降低解决多目标优化问题的难度，因为它可同时处理一个解的集合(种群)。不同于传统的数学规划方法需要多次运行算法，通过运行多目标进化算法一次，便可能近似出 Pareto 前沿。此外，由于进化算法对 Pareto 前沿的形状和连续性不太敏感，甚至不需要对问题解析的表达，不需要导数信息等，使得多目标进化算法更加灵活，被广泛应用于各种工程优化问题。

10.3　数据挖掘中进化计算的应用

　　进化计算在优化计算、分类机器学习和并行处理的优点使得其在数据挖掘中的应用前景非常广泛。下面我们分别介绍进化计算在数据挖掘中的特征选择、分类、聚类以及规则发现等方面的应用。

10.3.1　进化计算用于特征选择

　　特征选择也叫特征子集选择(Feature Subset Selection, FSS)，是指从已有的 M 个特征(Feature)中选择 N 个特征使得系统的特定指标最优化，是从原始特征中选择一些最有效特征以降低数据集维度的过程，是提高学习算法性能的一个重要手段，也是数据挖掘中关键的数据预处理步骤。

　　特征选择的最理想方法是将所有可能的特征子集作为感兴趣的数据挖掘算法的输入，然后选取产生最好结果的特征子集，但是由于特征子集的数量过于庞大，需要其他的选择策略，一般有三种方式：嵌入、包装和过滤。

(1) 嵌入方式(Embedded Approach)：特征选择作为数据挖掘算法的一部分自然而然地出现，在算法运行期间，算法本身决定使用/忽略哪些属性。

(2) 包装方法(Wrapped Approach)：将目标数据挖掘算法作为黑盒，使用类似于理想算法的方法，但不枚举所有可能的子集来寻找最佳属性子集。

(3) 过滤方法(Filter Approach)：使用某种独立于数据挖掘任务的方法，在算法运行前进行特征选择。

利用进化计算解决特征选择问题就是将一个特征子集作为染色体，特征子集评价标准作为适应度函数进行优化处理[3,4]，一般是将评价所选择的特征对数据集的分类(有监督的情况)或者聚类(无监督的情况)的性能评价指标作为优化的标准。在研究中通常选取多个特征子集评价标准同时进行优化，因为单独的特征子集评价标准不能全面地反映所选特征的优缺点，并不适用于全部数据集，且多目标特征选择算法提高了特征选择方法的鲁棒性。近年来，应用于特征选择方面的进化算法不断涌现[5-17]。我们从以下方面简述它们的特点。

(1) 染色体编码：大多数用来解决特征选择问题的进化算法都选择了二进制编码来表示一个特征子集。假设每个染色体是由 d 个基因组成的，其中 d 为特征的总个数，每个基因都代表一个特征，用 0 和 1 来表示该特征是否包含于该特征子集中。例如，染色体为 0010110101 表示在 10 个特征中选择了 5 个特征组成子集{3,5,6,8,10}。该编码策略既可以在有监督的情况下使用[6,10,13,18,19]，也可以应用于无监督的情况 [7,17,20]。对于无监督分析，编入染色体的特征子集的优秀程度是根据聚类算法在输入数据集的子空间投影上的表现进行评价的。在编码过程中，文献[7]和文献[17]同时将聚类个数加入到染色体中，以防聚类个数过大影响聚类算法的性能。二进制编码是一种通用的编码方式，可以表示任何形式的决策变量，但是如果输入数据集的维度很大，染色体过长，将会导致解码时间过长，且算法收敛不好。如果用整数编码代替二进制编码，的确可以缩小染色体的长度，但是需要更多特定的操作来实现交叉、变异或者删除重复个体的操作。

(2) 适应度函数：基于进化算法的特征选择的适应度函数选择分为两种情况，即有监督学习和无监督学习。大多数进化特征选择算法都能很好地解决有监督学习(训练样本的类别已知)的问题。接下来就对这两种情况的适应度函数选择进行进一步的介绍。

有监督学习是在样本的真实类别已知的情况下调整分类器的参数，使其达到所要求性能的过程。因此可以使用分类算法来评估所选择的特征子集，观察该特征能否很好地将训练数据进行分类。鉴于此 Emmanouilidis 等首次提出了选择合适的分类性能评价指标作为适应度函数。在他们的研究工作[18]中，通过最小化错分率和特征个数寻找最佳的特征子集，其中错分率是根据概率神经网络和多层感知器(MLP)两种分类器计算的，首先将输入的训练集随机分解为三个子集，这三个子集分别用来训练、检验和测试，然后重复以上操作多次，计算出平均错分率。随后 Emmanouilidis 等分别使用广义回归神经网络分类器[21]和 1-NN 分类器[5]来评估特征子集，并且在文献[5]中选取了特征子集个数、灵敏度和特异度三种分类性能评价指标进行优化。Gaspar-Cunha[13]使用一种以径向基函数作为核的 SVM 分类器，组合不同的分类性能评价指标，如准确率、假正率、假负率、精确率、召回率、F-measure 和特征个数等，然后用 10-折交叉验证的方法来衡量分类器在训练集上的性能。Liu 和 Iba 在他们的工作[19]中对三个目标函数进行了优化,分别为错分率、类分布失衡、特征子集个数的最小化问题,用 70%的训练模式来训练一个基于特征相关性的分类器(GS 分类器)[22,23],剩余的 30%用来计算上述性能评价指标。为了最大限度地寻找无冗余的特征子集,Wang 和 Huang 在文献[10]中提出了新的优化目标,分别为最小化特征之间的相关性、最大化特征和训练模式标签之间的相关性。除此之外,不一致的模式匹配个数、特征和类的相关性、Laplacian Score 和代表熵[11]等都可以用来作为适应度函数。

除了以上提到的计算适应度函数的方法,即将分类算法作为黑盒进行包装,文献[11]提到了用过滤方法来代替包装方法。包装方法和过滤方法唯一的不同就是它们使用了不同的特征子集评价方式。不管使用包装方法还是过滤方法,特征子集的评价完全依赖于我们所选择的分类器或者过滤操作,并且分类性能评价指标的选择也是至关重要的,遗憾的是,据我们所知,目前还没有研究工作对现存的指标进行系统全面的比较。

无监督学习和有监督学习的区别在于无法获得数据的真实类别,即不存在标记的样本数据。此时可以使用聚类算法,根据特征子集在识别数据集聚类结构上的表现来评价特征子集,也就是说,聚类有效性指标[24]是评价特征子集的标准。Kim 等[20]作为先驱者,使用 k-means 和最大期望聚类算法,将聚类个数、特征子集个数、类内相似性(the Intra-Class Similarity)和类内差异性(the Inter-Class Dissimilarity)作为适应度函数间接地评价特征子集。Morita 等[7]将 k-means 聚类算法作为黑盒算法,但使用聚类有效性指标 DB [25]和特征子集个数来评价特征选择的结果。Handl 和 Knowles[17]同样使用了 k-means 聚类算法,组合了特征子集个数和不同的聚类有效性指标作为适应度函数,如 DB、标准化 DB、silhouette indices(包装方法)或者熵度量(过滤方法),并简单对比了不同聚类有效性指标在无监督特征选择问题上的表现。同有监督学习类似,这种评价方式也是在很大程度上依赖所选择的适应度函数和聚类算法。

(3)进化算子:以下讨论都是在以二进制编码的基础上进行的。大多数算法都采用了单点交叉[6-11]和均匀交叉[12,17],当然也有一部分算法选择双点交叉[21]。此外,在文献[5]、文献[18]、文献[20]中提到了一种基于共性的交叉操作(A Commonality-Based Crossover Operation),首先随机选择两个父代解,然后扫描两个父代解的基因,如果同一位置的基因值不同,则随机选择其中一个基因值作为子代对应位置的基因,使得两个父代解的相同特征得到继承。上述研究全部选择了标准的基本位变异作为变异算子。

(4)最终结果:如果使用多目标优化算法来求解,用于特征选择的进化算法在达到终止条件后,得到 Pareto 前沿的近似(非支配解的集合),其中每个解代表一个特征子集。然而,在实际应用中我们需要从非支配解集合中挑选出一个单独的特征子集,主要分为以下几种情况。

因为有监督学习中的样本分类是已知的,挑选一个特征子集是比较容易的。Pappa 等[26]通过内部交叉验证的方法,每一个非支配解都进行 $k(k=1,2,\cdots)$ 倍交叉验证,在将被挑选出来的非支配解作为最有希望的解,显然这种解不唯一,这就需要用户主观地进行选择。另外,这种内部交叉验证需要大量的计算资源,因此只在算法最终得到的非支配解上运行来实现挑选的目的。Liu 和 Iba 在文献[19]中用聚合函数将算法所使用的目标函数值进行聚合，并用此聚合函数值从非支配前沿中挑选一个解。这种方法简单易实现，不用浪费大量时间进行内部交叉验证，但是如果算法的目标函数不能全面反映特征子集的优缺点，那么挑选出来的特征子集也不具有代表性。此外，Wang 和 Huang 在文献[10]中提出了一种直接将两个适应度函数进行组合的方法，并称为相对的总相关性（Relative Overall Correlation），据此进行解的挑选。文献[6]通过非支配解在验证数据集上的性能表现来选择最佳非支配解，也就是选择在未知的验证数据集上具有最强泛化能力的解。

在无监督学习的情况下，挑选解的难度稍微大一些。文献[17]提到了一种基于拐点的方法，首先将多目标进化算法在原始数据集上运行，得到非支配前沿；然后将该算法在具有相同边界的随机数据集上运行，得到非支配解集合，称为控制前沿；最后对每个特征比较非支配前沿的解和控制前沿上的解，距离控制前沿上相对应的解最远的非支配解作为最终的拐点解，该解即为非支配前沿上的最佳折中解。但是在随机数据集上的重复运行导致该方法的时间消耗很高。文献[12]提出了另外一种基于拐点的方法，首先根据一个目标函数值进行排序，然后找出每个解的斜率，即解的最近相邻的两个解的目标值差之比，最后挑选出斜率最大的解。相比于文献[17]，此方法简单明了，具有较低的时间复杂度，但其缺点是无法扩展到具有三个及三个以上目标的优化算法中。

10.3.2　进化计算用于分类

近年来，进化计算在分类问题上的应用越来越多，主要表现在以下三个方面：分类规则发现[27-30]、定义训练集的类的边界（超平面）和利用进化算法进行训练并对分类器结构进行建模。

1. 分类规则发现

分类规则可以表示为一个 if-then 规则，即 If<condition> Then<class>，其中<condition>表示规则的先行词，通常为一组属性-值，并用 and 操作符连接。例如，if height > 6feet and weight >70kg then class = Big。值得注意的是，这些属性-值中的值通常为分类值，因此要离散化具有连续值的属性。基于规则的分类系统的目标就是寻找最佳的分类规则集合，使其能正确地表示训练集。

模糊分类规则是目前进化分类计算中的一个热点，定义如下：假设训练集具有 m 个 n 维模式，记为 $x_p = \{x_{p1}, x_{p2}, \cdots, x_{pn}\}$，$p = 1, 2, \cdots, m$，模糊分类规则公式[31]如下

$$R_q = \text{If } x_1 \text{ is } A_{q1} \text{ and } x_n \text{ is } A_{qn} \text{ Then Class} = C_q \text{ with CF}_q$$

其中，R_q 是第 q 条模糊规则；$x = \{x_1, x_2, \cdots, x_n\}$ 是 n 维模式向量；A_{qi} 是第 i 个属性先行词的模糊集合；C_q 为相应的类别；CF_q 为该规则的置信度。模糊集合 A_{qi} 中相应属性的值可以是语型（Iinguistic Value），也可以是数值型。一旦模糊分类规则的先行词确定，规则所属类别和置信度就可以通过训练模式启发式地分析出来。

（1）染色体编码：为了解决分类规则发现问题，进化算法首先要对分类规则进行编码。通常有两种编码方式：匹兹堡方法[32-34]和密歇根方法[35-37]。前者对一组分类规则进行编码，形成一条染色体，后者将一条分类规则编入一条染色体中。从分类的观点来说，

第一种方法更加合适，因为每条染色体代表一个完整的分类系统，且每条染色体中的规则数量是可以调整的。鉴于此，我们必须在算法的最终结果中挑选一个解作为分类系统。为了建立基于规则的分类器的进化算法都使用了这种方法[38]。而第二种方法比较简单，算法所产生的每个非支配解代表一个分类规则，最终得到的非支配前沿组成的分类规则集合就是所求的分类系统。

匹兹堡方法在分类规则发现方面通常分为两类：规则提取(Rule Selection)[31,39,40]和规则学习(Rule Learning)[27-29]。前者是为了选择预定义规则(Predefined Rules)的子集，后者是通过进化算法学习规则。Ishibuchi等在利用进化算法提取模糊分类规则方面有不少研究成果[31,39,40]，都采用了规则提取方法，首先利用启发式规则生成器构造规则的集合，然后利用进化算法挑选合适的规则子集进行分类。染色体的长度为基于规则的系统中的规则个数，并用二进制数据 0 和 1 表示某个规则子集是否存在，因此该染色体可以表示不同数量的预定义规则。该方法只是简单地选择合适的规则子集，不能通过改变隶属度参数修改单独的规则，且当规则集合很大的时候，染色体过长，导致搜索空间过大。Pulkkinen 等[27]提出的规则学习方法就是利用实值编码直接将规则的属性和模糊集编入染色体中。每条染色体包含三部分，第一部分为规则先行词和模糊集的相关属性，第二部分为模糊集的参数，第三部分为所属类别。此时染色体的长度也是可变的，因为不同的规则具有不同数量的属性，且每条染色体包含的规则个数也是变化的。为了得到更好的初始种群，首先使用 C4.5 算法构造一棵决策树，由此得到的模糊分类规则直接加到初始种群中，然后通过随机替换模糊分类器的参数生成剩下的规则。另外一种规则学习方法就是用一组规则和每个属性的模糊分区粒度来表示，该分区粒度是一组提前设置的整数[28,29]。但是该方法并没有 Pulkkinen 等提出的方法[27]灵活。在文献[41]中，作者将上述两种策略相结合，提出了一种混合编码策略(整数+实数)。整数用来表示所选择的规则和分区粒度，实数用来表示相应分区粒度的模糊集的参数。该方法既有规则抽取的小搜索规模的优点，又具有规则学习的高灵活性。

Dehuri 等在 EMOGA 算法的基础上提出了基于规则的分类器[30]，其中将密歇根方法作为编码策略。作者首先生成一组分类规则，然后用离散的整数代表规则属性和相应的分类值。但是算法得到的最终结果是一组优秀的分类规则，并不一定是优秀的分类系统。

(2)适应度函数：一般情况下，规则集合要满足分类精确性，又不能过于复杂。Antonelli 等就将分类精度和属性总个数作为适应度函数进行优化处理[41]。在文献[31]、文献[39]、文献[40]中，作者同时优化三个目标，即最大化分类精度、最小化模糊规则个数和先决条件个数。也就是说，在保证分类精度的前提下，优先选择那些短小的规则。除了用错分率代替了分类精度，Pulkkinen 等引用了其余的分类评价指标[27]，将其全部转化为最小化问题。Dehuri 等将预测精确性、可理解性和兴趣度作为适应度函数[30]，其中预测精确性是通过规则所覆盖的对象计算的；可理解性是规则中的属性个数，显然越少越容易理解；兴趣度是根据所获得的信息来判断规则的有趣程度。Ducange 等在文献[28]中通过最小化规则长度、最大化灵敏度和特指度解决了类不平衡问题(二分类(Binary Classification)问题)。类似地，最大化 ROC 曲线下的面积以及最小化所选择属性的粒度总和也解决了类不平衡问题[29]。

(3)进化算子：当选择二进制编码为编码策略时，一般选择标准的均匀交叉和基本位变异操作生成新的后代[31,39]。Narukawa 等在文献[40]中介绍了一种去掉重复规则的操作，以此来保证种群中解的多样性，且选择相似的后代进行均匀交叉操作，Ishibuchi 等在文献[42]中证明了这种做法的确能提高算法性能。此外，作者将极限解作为一个父代，以二元锦标赛选择另一个父代来进行交叉操作。作者还提出了一种改进的基本位变异操作，将变异概率由原来的 0 到 1 转换为 1 到 0，从而使得短的规则的搜索更加顺利。实验证明所作的改进的确比标准的操作更加优秀。在文献[30]中，作者使用了一种单点交叉和均匀交叉混合的交叉算子，但是并没有实验证明该混合交叉算子比其他两种基本算子更优秀。至于变异算子，作者随机替换了分类值，并随机增加/删减属性。

在文献[27]中，模拟二进制交叉[43]和标准多项式变异操作用来作为实值编码染色体的进化算子。考虑到文献[29]中的混合编码(二进制+整数)的特点，作者对二进制部分使用标准的基本位变异，对代表分区粒度的整数部分的变异操作为随机增加/减少该数值。至于交叉操作，直接选择标准的单点交叉。类似地，Antonelli 等也是混合编码(整数+实数)[41]，都选择随机替换或者增减的变异操作，但是在整数部分使用单点交叉，而在实数部分选择 $BLX - \alpha(\alpha = 0.5)$ 交叉[44]。

(4)最终结果：正如染色体编码中所述，基于匹兹堡方法的进化算法需要在非支配前沿中挑选一个非支配解(规则子集)。在文献[31]、文献[39]和文献[40]中作者根据分类精度这一目标函数进行挑选，也就是说，分类精度在某种程度上比复杂性标准(规则个数/规则长度)更重要。在文献[29]和文献[41]中，AUC (the Area Under Curve) 作为挑选最终结果的标准。作者还记录了那些具有 AUC 最小值和 AUC 中间值的解。Pulkkinen 等在文献[27]中提到了一种减少最终的非支配解集个数的方法，即只保留一些特定的解。特定的解是指在算法执行期间，该解在至少 50% 的迭代过程中都出现了。因此最终得到的是一个特别小的解集，也就大大降低了挑选难度。上述所有评价标准都是在算法的适应度函数中挑选的，直观上讲更应该选择一个单独的评价标准来评价非支配解。在文献[28]中，首先利用进化算法得到一个三维的非支配前沿(灵敏度、特指度和规则长度)，然后将每个非支配解投影到 ROC 平面，最后计算 AUCH (the Area Under the ROC Convex Hull) 值，并挑选出具有最大值的解。该方法能很好地解决两类不平衡问题，但是 AUCH 计算的时间复杂度较大，且无法直接扩展到多类问题上。

2.　分类边界

对于一个 N 维数据集来说，需要 $N-1$ 维的某对象来对数据进行分割。该对象叫作超平面，也就是分类的决策边界。Bandyopadhyay 等就利用进化计算解决了边界问题[45]，其中每条染色体是用二进制数据表示不同数量的超平面的参数；适应度函数为误分类模式的个数(最小化)、超平面个数(最小化)和分类精度(最大化)，即防止了过度拟合/过度学习，又不忽视那些规模小的类。在有约束的 NSGA-II 的算法(CEMOGA)上进行改进，并在最终得到的非支配解集合中根据以上适应度函数的聚合函数值挑选最佳分类边界。作者还对比了该分类器与基于 NSGA-II 和 PAES 算法的分类器，并与其他优秀的分类器进行了对比。

10.3.3　进化计算用于聚类分析

聚类分析是对统计数据分析的一门技术，在许多领域得到了广泛应用，包括机器学习、数据挖掘、模式识别、图像分析以及生物信息。聚类是把相似的对象通过静态分类的方法分成不同的组别或者更多的子集(Subset)，这样让在同一个子集中的成员对象都有相似的一些属性。把聚类作为优化问题的最简单的方法就是对聚类有效性指标进行优化[46]。数据集所有的划分方法和相应的有效性函数值定义了全部搜索空间。随着演化计算的不断发展，遗传算法等进化算法在近年来成为解决聚类问题的研究热点，可快速有效地寻找相对于所选有效性指标的全局最佳划分选择。传统的进化聚类技术将某一有效性度量标准作为适应度函数进行单目标优化[47]，但是对于不同种类的数据集，单一的有效性度量标准不能全面评价划分的好坏，于是引入多个有效性度量标准同时进行评价，即多目标进化，从而捕捉不同的数据特性。多目标进化聚类算法(Multiobjective Clustering Techniques)并行地对不少于一个聚类有效性指标进行优化，得到一个高质量的结果集，其中包含若干非支配解，根据具体情况从中选取最适合的个体。许多研究者提出了侧重于不同方面的算法[48-66]，如着重编码部分、适应度函数的选择部分以及进化算子的选取部分。

(1)染色体编码：用于聚类分析的编码方式大致可以分为两种，即基于原型的方法(Prototype-based Approaches)和基于点的方法(Point-based Approaches)。前者是把聚类代表(Cluster Representatives)或者说是原型编入个体中，如聚类质心点、中心点和模态；后者则是将一个完整的聚类编入个体中。

当使用基于原型的方法进行编码时，每个个体都是由实数组成的，代表聚类中心的坐标。若一条染色体代表的是在 d 维空间的 K 个聚类中心，那么它的长度 l 为 $d \times K$。Mukhopadhyay 等首次在多目标聚类分析(Multiobjective Clustering)中使用这种编码策略[67]，并在此基础上不断地进行研究，提出了若干应用于聚类分析的进化多目标算法[54,57,58,62,68]。许多研究者提出的算法同样使用了这种编码方法，如 VRJGGA、MOES(Hybrid)和 MOCA[53,56,63]。除此之外，还可以用聚类中心点(Cluster Medoids)代替聚类质心(Cluster Centers)作为原型进行编码[55,59]，聚类中心点是指在聚类中到剩下所有点的距离总和最小的点；另外一种方法是用模态来代表个体[60]，适合类属特征(聚类的平均质心点无法计算)，给定一组分类数据，它的模态就是一个属性向量，向量的每个元素代表出现最频繁的相应的属性值。但是当属性很多时，染色体的维度过高导致失效。因此对于高维数据集，一般不采用基于原型的编码策略。基于原型的编码策略生成的染色体的长度一般不会太长，从而降低了交叉算子和变异算子的难度，而且该策略同样适用于重叠聚类和模糊聚类。但是该方法更加倾向于那些圆形聚类(Round-Shaped Clusters)。且当染色体所代表的聚类数量不同时，需要更多的进化算子来处理变量长度不同的问题。

第二种方法则考虑了所有数据点的聚类，而不是聚类原型/代表。基于点的方法主要分为两种：基于聚类标签的编码方法(the Cluster Label-based Approach)和基于基因位邻接的编码方法。基于聚类标签的编码方法是最常见的编码策略[48,64,66,69]，此时染色体的长度就是输入数据集中点的个数，每一基因代表相应点的聚类标签。染色体上第 i 个基因位上为 k，也就是说，第 i 个点是属于第 k 个聚类的。显然染色体由集合 $\{1,2,\cdots,K\}$ 中的整数组成，其中 K 表示聚类数量的最大值。Handl 和 Knowles[49,50]进一步改进了基于聚类标签的编码方法，每个染色体都是由 n 个基因组成的，其中 n 就是数据点的个数，每个基因的值都包含于集合 $\{1,2,\cdots,n\}$ 中，若第 i 个基因位的值为 j，则第 i 个点和第 j 个点属于同一个聚类。因此，在编码之前需要将这些点与点之间的关系全部表示出来，用一个图表示，顶点代表数据点，边代表两个数据点的关系。Handl 和 Knowles 在文献 [50] 中证明了这个图的建立能在线性时间内完成。Folino 和 Pizzuti 提出的 DYN-MOGA[61]、Kim 等提出的 AI-NGGA-II[70]都采用了这种编码策略。因为基于点的编码策略生成的染色体长度是和数据集中点的个数一样的，如果数据点过多将导致染色体很长，因此需要更多的时间来收敛。

(2) 适应度函数：通常将聚类有效性指标作为适应度函数来解决聚类问题。大多数进化算法至少选择两个目标同时进行优化，例如，Handl 和 Knowles 将聚类总体偏差 (Overall Cluster Deviation) Dev(C) 和聚类连通性 (Cluster Connectedness) Conn(C) 作为适应度函数[48,50,71]；文献[54]、文献[57]和文献[58]同时对 J_m [72]和 XB [73]进行了最小化处理，寻找较紧凑且分离良好的聚类；Mukhopadhyay 和 Ozyer 最小化 TWCV (Total Within-Cluster Variance) 和聚类的总个数[67,74,75]；Mukhopadhyay 和 Maulik 提出了一种针对分类数据的多目标聚类算法[55]，并选取 Dev(C) 和 silhouette index[76]作为适应度函数；类内熵 H 和聚类划分 Sep(C) 也可以作为优化目标应用在进化算法中[59,77]。除此之外，最大-最小划分[64,69,70]、边缘指数 (the Edge Index) Edge(C) [65]、DB [78]和模糊聚类划分[60,62,79]都是常用的聚类有效性指标。当然也有一些研究者进一步对两个以上的目标进行优化，如 XB、Γ 和 J_m 三个目标优化算法[80,81]；聚类平均方差、聚类平方和的平均值 (Average Between Group Sum of Squares) 和聚类连通性三个适应度函数同时进行优化[63]。Ozyer 等同时对四个聚类有效性指标进行优化[82]，但是 Saxena 等在文献[83]中证明多目标进化算法在高维 (大于等于四维) 目标情况下表现不佳，文献[82]中并没有解决这一难题。选择合适的聚类有效性指标作为适应度函数是至关重要的，算法的结果很大程度上依赖于所选择的适应度函数，可以说是算法的成败之举[84]。基于以上说法，Mukhopadhyay 等提出了一种交互式的进化聚类算法[85]，算法在进化过程中通过人类反馈的决策来选择适应度函数。但是至今为止没有详细的不同适应度函数所造成的影响的实验描述。

(3) 进化算子：不同的编码策略决定了不同的进化算子。大多数使用基于原型的编码策略的算法都采用了单点交叉，如 MOGA、MOGA-SVM 和 MOVGA[54,57,58,62]。文献 [52] 采用了双点交叉；Ripon 等在文献[53]和文献[59]中使用了跳跃基因交叉 (Jumping Gene Crossover)；Won 等提出了一种基于质心交叉池的方法 (A Centroid-pool Based Crossover Approach)，将父代染色体中的质心加入到交叉池中，从中随机选取若干染色体形成新的子代[56]。而使用基于点的编码方法的算法大多数选择均匀交叉[48,50,51,61,64,70]。和交叉算子类似，变异算子的选择也在一定程度上依赖于所选的编码策略。对于基于原型的编码方法的算法，质心扰动 (Centroid Perturbation) 是比较优秀的变异算子[52-58,62]，将一个随机选取的质心稍微提升一部分。而使用中心点或者模态作为代表进行编码时，随机中心点置换[55]或者随机模态摄动[60]作为变异算子来保持群体的多样性。对于基于聚类标签的编码策略的算法，最常用的变异算子就是将选定的数据点的标签随机修改[69,86]。前面提到了基于聚类标签的编码策略的一个缺点就是染色体过长，因此 Handl 和 Knowles 进行了进一步的研究，在文献[50]中提出了一种新的变异操作——定向偏向邻居变异（Directed Neighborhood-Biased Mutation）。每个点都和它的前 L 个相邻的邻居相互关联，当该点的标签改变时，它的 L 个邻居也相应地进行修改。变异概率是自适应改变的。该变异算子随后被许多算法引用[51,61,65,70]。

（4）最终结果：从基于进化计算的聚类算法得到的非支配解集选择最终解的方法大概分为三种：基于独立目标的方法（the Independent Objective-based Approach）、基于拐点的方法（the Knee-based Approach）和基于聚类集成的方法（the Cluster Ensemble-based Approach）。

第一种方法是指使用一种独立的聚类有效性指标从所得到的非支配前沿挑选一个单独的解，这里的独立是指不同于聚类优化过程中使用的适应度函数。正是因为这种方法的简易性，许多进化多目标聚类技术都使用该方法挑选最终结果。文献[54]和文献[67]中的算法使用的适应度函数分别为 J_m 和 XB，Γ 作为选取最终结果的指标。Liu 等在固定了适应度函数（TWCV 和聚类的总个数）后，使用不同的有效性指标进行最终结果的选取，分别为 Dum、DB 和 silhouette index，并对比了所得到的结果[66]。Kirkland 等在他们的算法[63]中对聚类平均方差、聚类平方和的平均值和聚类连通性进行聚类优化分析，并使用 Rand index（R）[46]在非支配前沿中挑选最终结果。若想计算 R，需要知道数据集的真实聚类，因此 Rand index 不适合于那些真实聚类信息未知的情况。虽然这种基于独立目标的方法比较容易实现且具有较低的时间复杂度，但是得到的结果过于依赖所选择的有效性指标，许多研究者对其表示质疑：为什么不直接将这一独立的有效性指标作为一个适应度函数进行优化？

基于拐点的方法，顾名思义，就是指选择非支配前沿的拐点解。拐点解是指一个目标值的改变使得另一个目标值变化最大的解。Tibshirani 等提出了一种基于 GAP 统计的有效性指标来评价聚类[87]。Handl 和 Knowles 受此启发进行了进一步研究，在提出的 MOCK 算法中[49,50,88]使用了基于拐点的方法。该方法首先计算生成的帕累托前沿中的任意解到控制前沿（MOCK 应用于随机控制数据所得到的前沿）的最大距离，然后在帕累托前沿中挑选出具有最大距离的解作为最终结果。但是这种方法有两个缺点：无法解释为什么拐点解是最合适的结果；时间复杂度比较大，因为算法要在控制数据上执行多次来得到控制前沿。Shirakawa 等进一步改进了该方法[65,89,90]，使其能应用于大数据集。

最后一种方法是指假设所有的非支配解都包含数据集聚类结构的信息，组合这种信息来得到一个独立的聚类解。Mukhopadhyay 等在文献[81]中用一些知名的聚类集成技术来分别组合非支配前沿的解的信息，如基于聚类的相似度划分算法（Cluster-based Similarity Partitioning Algorithm, CSPA）、超图划分算法（the Hypergraph Partitioning Algorithm, HGPA）、元聚类算法（the Metaclustering Algorithm, MCLA）[91]，并对形成的最终聚类结果进行了对比。在这之后，Mukhopadhyay 等提出了一种新的组合方法[57,58,60]，首先将非支配解集中属于同一类的点放到一起，用来训练分类器，如 SVM、KNN，然后用训练后的分类器将剩下的点进行分类，最终得到所有点的类标签。Maulik 等证明了基于集成技术的方法在卫星图像分割[57]和微阵列数据聚类[58]的应用上效果要比基于独立目标的方法好。但是该方法同样具有以下缺点：运行时间较长；过于依赖所选择的集成技术；依赖于所利用的映射技术，有时需要将一个非支配解映射到另一个上面[60]，来确认聚类标签 i 是否代表同一聚类。

10.3.4　进化计算用于规则发现

关联规则定义如下：假设 $I = \{I_1, I_2, \cdots, I_m\}$ 是项的集合，给定一个交易数据库 D，其中每个事务 t 都是 I 的非空子集，即每一个交易都与一个唯一的标识符 TID 对应。关联规则在 D 中的支持度(Support)是 D 中事务同时包含 X、Y 的百分比，即概率；置信度(Confidence)是 D 中事务已经包含 X 的情况下，包含 Y 的百分比，即条件概率。如果满足最小支持度阈值和最小置信度阈值，则认为关联规则是有趣的。

关联规则可以看成分类规则的一个特例，除了分类规则所得到的类属性(Class Attribute)，还包括集属性(Set Attribute)。因此对于同一数据集，关联规则的数量比分类规则要多得多。大多数关联规则挖掘算法(ARM)都有相同的流程。首先找出全部频繁项集(也就是支持度大于预定义的最小支持度阈值的项)，然后从频繁项集中产生强关联规则，这些规则必须满足最小支持度和最小置信度。但是找出所有的频繁项集需要大量的计算资源，对数据库的扫描次数过多。如果能忽略频繁项集，直接生成关联规则将大大减小计算难度。进化计算通过最大化规则的支持度或者置信度的方法来解决这个难题。当然并不能只依靠支持度或者置信度来评判关联规则的好坏，可以同时优化其他的度量标准。

1. 分类关联规则

分类关联规则是从二进制数据集或者分类数据集中获得的。对于二进制数据集，分类关联规则只是简单说明了存在性，并没有任何数量的描述。例如，$AB \Rightarrow C$，也就是说，如果 A、B 发生了，那么 C 肯定会发生。对于分类数据，如果项目有多重属性值，那么每一个属性-数值对都单独地看作一个项目，这样数据集也转换为了二进制数据集。很多研究者进行了研究并取得了很多进展，使得进化计算成为解决关联规则挖掘的重要思想[35,92-95]。接下来将对算法的大致流程进行进一步介绍。

(1)染色体编码：将规则编码为个体(基因)主要有两种基因表示技术[96,97]。在匹兹堡方法[32-34]中，每个个体编入一组预测规则，而在密歇根方法[35-37]中，每个个体编入一条预测规则。然而 ARM(Association Rule Mining)的主要目标是寻找优秀规则的集合，因此大多数基于进化计算的分类关联规则算法都采用第二种方法来表示个体。在 Ghosh 和 Nath[35-37]的最初研究工作中，密歇根方法将每个个体的长度设置为 $2k$，其中 k 为项目的总个数，每两位代表一个属性，其中 00 表示该属性作为规则先行词出现，11 表示该属性作为规则后项出现，其余的表示该属性并没有在这一规则中出现。类似地，在文献[92]中，使用 10 和 01 分别表示属性作为规则先行词和规则后项出现，其余的表示没有出现。

上述两种方法只适合于二进制数据集。如果一个交易中的项目有特定的数值，首先要将数据集中的每一属性-数值对转换为一个项目，形成二进制数据集。除此之外，Anand等提出了一种可以直接对分类数据集进行编码的方法[95]，将每个属性分为两部分，前半部分用来表示该属性出现的位置，例如，10代表规则先行词，11代表规则后项；后半部分用来表示属性所具有的数值，也用二进制数据表示，但是此处具有一定的局限性，作者并没有解释如何处理属性值的数量并不是2的幂的情况。

(2)适应度函数：在进化计算中，适应度函数的选择具有至关重要的作用。前面提到的支持度和置信度就是很好的优化目标，都是越大越好。文献[94]就选择了这两个经典的衡量标准作为适应度函数进行优化。但是它们存在一定的缺陷，支持度的缺点在于许多潜在有意义的模式由于包含支持度小的项而被删去，置信度的缺陷在于忽略了规则后项中项集的支持度。因此需要更多的度量标准来评价关联规则，如覆盖率、提升度、可理解性、夹角余弦、预测正确性、统计相关性等[33,34,37,92,98,99]。Ghosh和Nath就在文献[35]中对分类关联规则发现问题进行建模，以置信度、可理解性和兴趣度作为适应度函数进行优化。可理解性定义为$\log_2(1+|C|)/\log_2(1+|A\cup C|)$，其中$|C|$、$|A\cup C|$分别代表规则后项和整个规则中的属性数量。规则后项中的属性越少越容易被人们理解，因此可理解性的值越小代表我们所得到的规则越优秀；兴趣度是三种概率的乘积，即生成给定先行词的规则的概率(规则的支持度和先行词的支持度之比)、生成给定后项的规则的概率(规则的支持度和后项的支持度之比)和生成给定先行词和后项的规则的概率(规则的支持度和交易总数量之比)，兴趣度越高表示规则越优秀。在文献[93]中，作者同时对五个目标进行优化，分别是支持度、置信度、J-measure、兴趣度和惊喜度；文献[95]则对六个目标进行优化，由于NSGA-II算法的局限性以及衡量标准的相关性，每次选择三个目标同时优化，结果发现支持度、置信度、兴趣度和可理解性等衡量标准在规则长度较小的情况下表现比较好。针对这种情况，他们也进行了attribute frequency(规则长度和项的总和之比)的最大化实验。尽管有如此多的衡量标准，但目前还是没有提出对这些标准的系统的比较。

(3)进化算子：多数关于二进制的交叉算子都是有性的，应用于两个父个体，如多点交叉[35]。常用的变异算子为均匀变异、基本位变异[95]。文献[92]提出了一种组合算子——帕累托邻域交叉，遗憾的是文中并没有解释提出该算子的动机，且没有实验结果来验证该算子相对于标准算子的优越性。

(4)最终结果：当使用密歇根方法作为编码方法时，算法在达到终止条件后输出一个非支配解的集合，其中每个非支配解都是一条关联规则。

2. 数值型关联规则

前面主要介绍针对离散数据集的关联规则挖掘，接下来介绍数值型关联规则挖掘。分类关联规则的分类技术并不适合于连续的属性值，数值型关联规则对数值型字段进行处理，将其进行动态分割，或者直接对原始数据进行处理，当然数值型关联规则中也可以包含种类变量。许多数值型关联规则挖掘都采用进化计算的方法来解决上述问题[100,101]。

(1)染色体编码：在文献[100]和文献[101]中将一个数值型关联规则用公式

$(l_1 \leqslant A_1 \leqslant h_1) \land (l_2 \leqslant A_2 \leqslant h_2) \Rightarrow (l_3 \leqslant A_3 \leqslant h_3)$ 表示，其中 A_i 表示第 i 个属性，l_i 和 h_i 分别代表该属性值的上、下界，需要将这些属性区间的上、下界呈现在编码中。文献[100]提出了 MODENAR 算法，在编码过程中，每个属性都由三部分组成，第一部分用来表示该属性是否存在于规则中，如果存在，则该属性出现在规则先行词还是规则后项中；第二部分代表该属性值的下界；第三部分代表该属性值的上界。其中第一部分通常用 0、1 和 2 分别代表该属性出现在规则先行词中、该属性出现在规则后项中和没有出现在规则中；第二部分和第三部分直接使用实数形式表示相应的属性值范围。因为 MODENAR 采用了差分进化和浮点数编码，MODENAR 算法使用舍入操作符（A Round-off Operator）来处理基因的整数部分。文献[101]（NSGA-II-QAR）使用了类似的方式进行编码，除了在第一部分用 0、1 和-1 分别代表该属性出现在规则先行词中、该属性出现在规则后项中和没有出现在规则中。MODENAR 算法和 NSGA-II-QAR 算法都采用了密歇根方法，每个个体代表一条关联规则。

(2) 适应度函数：MODENAR 算法[100]同时对四个目标进行优化，分别为支持度、置信度、可理解性和构成项集与规则的区间长度。假设短的关联规则能提供更多的非冗余信息，可理解性就使得算法更加偏向于那些短的关联规则。文献[100]指出应该更倾向于那些区间长度较小的关联规则，但是并没有阐述原因。NSGA-II-QAR[101]分别对提升度、可理解性和性能表现进行了优化，其中提升度是指规则的支持度和规则先行词、规则后项支持度的乘积的比例[102]，提升度越大表示相对于规则先行词和后项的支持度，规则的支持度更高，也就是说该规则更加符合我们的要求；可理解性是指规则中属性的数量的倒数；性能表现是指支持度和置信度的乘积。为了比较上述两种算法，文献[101]进行了实验对比。

(3) 进化操作：MODENAR 算法[100]采用了差分进化中标准的交叉、变异操作 DE/rand/1。同样引用舍入机制来处理个体的第一部分（第一部分必须是 0、1 或者 2）。NSGA-II-QAR[101]算法中则使用了多点交叉作为交叉算子。至于变异算子，选用两种不同的算子来处理个体的相应部分。对于个体的第一部分，随机从{-1,0,1}中选择一个作为新的数值代替原来的数值；对于剩下的部分，随机增大或者减小这些边界值来达到变异的目的。当然这样很容易导致区间的下界比上界还要大，因此需要一些修复机制来保证该个体是有效个体。

(4) 最终结果：上述两种算法都使用密歇根方法作为编码方法，因此在达到终止条件后输出一个非支配解的集合，其中每个非支配解都是一条数值型关联规则。

10.4　结　束　语

近年来，进化计算在数据挖掘方面的应用越来越广泛，很多研究者对其进行了研究，提出了很多算法，在数据挖掘方面取得了不少进展，并使得进化计算成为数据挖掘领域重要的方法之一。但是仍然存在一些未研究的问题。

大多数研究都是在比较所提出的基于进化算法的数据挖掘技术和现存的非进化算法，并没有和同类型的算法进行系统性的比较。初学者并不了解各个算法的适用方面，可能会困惑于算法的选择。可能是因为代码的不公开性使得这项任务至今没有提及，无法完全保证染色体编码方法、适应度函数的建立、进化算子的选择与最终结果的挑选和文献中完全一致，因此无法重现文献中的结果。

　　进化算法的计算效率也是一个值得研究的领域。大部分算法的性能是根据算法最终解的评价结果来体现的，一旦面临大规模的数据挖掘问题，如在包含上千条基因的基因表达数据中挑选基因，算法的效率问题是不可小觑的。并且进化算法本身就比其他启发式搜索算法需要更多的计算资源。局部搜索策略是现有的用来解决该难题的一项技术，已应用于很多基于进化的数据挖掘算法[54,103]；另外一种方法就是从硬件方面进行改进，使用多个处理器并行高效地运行该进化算法[104,105]。虽然提出了许多方法来缓解这一问题，但仍值得继续探索。

　　众所周知，数据挖掘问题有很多性能评价指标可以作为适应度函数，如规则发现问题就可以把置信度、支持度、规则长度、可理解性和兴趣度等作为优化目标，然而传统的进化多目标算法并不适用于高维问题，如 NSGA-II 或者 SPEA2，需要额外的技术来解决高维问题，如降维操作[83]。因此在数据挖掘的应用方面，很少有同时对四个或者四个以上的目标进行优化的算法。

　　利用进化计算解决交互式数据挖掘问题也是一个值得关注的问题。在交互式数据挖掘问题上，算法需要在运行的过程中与人类进行"交流"。Mukhopadhyay 等在文献[85]中提出了基于进化计算的交互式聚类算法(IMOC)，将进化算法和这样的"交流"结合起来，在算法运行中由专家选择合适的聚类有效性指标的集合，这样不同的数据集选择不同的聚类有效性指标。该算法的确在基因表达数据的聚类问题上有不错的表现。类似地，这种基于进化的交互式算法也可能适合于特征选择、分类和规则发现方面，该算法的研究也是该领域的重要内容。

参 考 文 献

[1] Goldberg D E. Genetic Algorithms in Search, Optimization and Machine Learning[M]. New York: Addison-Wesley, 1989.

[2] Maulik U, Bandyopadhyay S, Mukhopadhyay A. Multiobjective Genetic Algorithms for Clustering: Applications in Data Mining and Bioinformatics[M]. Berlin: Springer-Verlag, 2011.

[3] Tseng L, Yang S. Genetic algorithms for clustering, feature selection, and classification[C]// Proc. IEEE Int. Conf. Neural Netw, 1997: 1612-1616.

[4] Karzynski M, Mateos A, Herrero J, et al. Using a genetic algorithm and a perceptron for feature selection and supervised class learning in DNA microarray data[J]. Artif. Intell. Rev, 2003, 20(1-2): 39-51.

[5] Emmanouilidis C. Evolutionary Multi-Objective Feature Selection and ROC Analysis with Application to Industrial Machinery Fault Diagnosis (Evolutionary Methods for Optimization, Design and Control)[M]. Barcelona: CIMNE, 2002.

[6] de Oliveira L E S, Sabourin R, Bortolozzi F, et al. A methodology for feature selection using multiobjective genetic algorithms for handwritten digit string recognition[J]. Int. J. Pattern Recognit. Artif. Intell, 2003, 17(6): 903-929.

[7] Morita M, Sabourin R, Bortolozzi F, et al. Unsupervised feature selection using multi-objective genetic algorithm for handwritten word recognition[C]// Proc. ICDAR, 2003: 666-670.

[8] Oliveira L, Sabourin R, Bortolozzi F, et al. Feature selection for ensembles: A hierarchical multi-objective genetic algorithm approach[C]// Proc. 7th Int. Conf. Document Anal. Recognit, 2003: 676-680.

[9] Oliveira L S, Morita M, Sabourin R. Feature selection for ensembles using the multi-objective optimization approach[A]// Jin Y. Multiobjective Machine Learning. Berlin: Springer-Verlag, Stud. Comput. Intell, 2006, 16: 49-74.

[10] Wang C M, Huang Y F. Evolutionary-based feature selection approaches with new criteria for data mining: A case study of credit approval data[J]. Expert Syst. Appl, 2009, 36(3): 5900-5908.

[11] Venkatadri M, Rao K S. A multiobjective genetic algorithm for feature selection in data mining[J]. Int. J. Comput. Sci. Inform. Technol, 2010, 1(5): 443-448.

[12] Mierswa I, Wurst M. Information preserving multi-objective feature selection for unsupervised learning[C]// Proc. GECCO, 2006: 1545-1552.

[13] Gaspar-Cunha A. Feature selection using multi-objective evolutionary algorithms: Application to cardiac SPECT diagnosis[C]// IWPACBB, Berlin, 2010: 85-92.

[14] Gaspar-Cunha A. RPSGAe-reduced Pareto set genetic algorithm: Application to polymer extrusion[C]// Metaheuristics for Multiobjective Optimisation, Berlin, 2004: 221-249.

[15] Kim K, McKay R B, Moon B R. Multiobjective evolutionary algorithms for dynamic social network clustering[C]// Proc. 12th GECCO, 2010: 1179-1186.

[16] Kim Y S, Street W N, Menczer F. An evolutionary multiobjective local selection algorithm for customer targeting[C]// Proc. CEC, 2001: 759-766.

[17] Handl J, Knowles J D. Feature subset selection in unsupervised learning via multiobjective optimization[J]. Int. J. Comput. Intell. Res, 2006, 2(3): 217-238.

[18] Emmanouilidis C, Hunter A, MacIntyre J. A multiobjective evolutionary setting for feature selection and a commonality-based crossover operator[C]// Proc. IEEE CEC, 2000: 309-316.

[19] Liu J, Iba H. Selecting informative genes using a multiobjective evolutionary algorithm[C]// Proc. CEC, 2002: 297-302.

[20] Kim Y, Street N W, Menczer F. Evolutionary model selection in unsupervised learning[J]. Intell. Data Anal, 2002, 6(6): 531-556.

[21] Emmanouilidis C, Hunter A, Macintype J, et al. A multiobjective genetic algorithm approach to feature selection in neural and fuzzy modeling[J]. Evol. Optimiz, 2001, 3(1): 1-26.

[22] Golub T R, Slonim D K, Tamayo P, et al. Molecular classification of cancer: Class discovery and class prediction by gene expression monitoring[J]. Science, 1999, 286(5439): 531-537.

[23] Slonim D K, Tamayo P, Mesirov J P, et al. Class prediction and discovery using gene expression data[C]// Proc. 4th RECOMB, 2000: 263-272.

[24] Maulik U, Bandyopadhyay S. Performance evaluation of some clustering algorithms and validity indices[J]. IEEE Trans. Pattern Anal. Mach. Intell, 2002, 24(12): 1650-1654.

[25] Davies D L, Bouldin D W. A cluster separation measure[J]. IEEE Trans. Pattern Anal. Mach. Intell, 1979, 1(2): 224-227.

[26] Pappa G L, Freitas A A, Kaestner C A A. A multiobjective genetic algorithm for attribute selection[C]// Proc. 4th RASC, 2002: 116-121.

[27] Pulkkinen P, Koivisto H. Fuzzy classifier identification using decision tree and multiobjective evolutionary algorithms[J]. Int. J. Approx. Reasoning, 2008, 48(2): 526-543.

[28] Ducange P, Lazzerini B, Marcelloni F. Multi-objective genetic fuzzy classifiers for imbalanced and cost-sensitive datasets[J]. Soft Comput, 2010, 14(7): 713-728.

[29] Villar P, Fernandez A, Herrera F. Studying the behavior of a multiobjective genetic algorithm to design fuzzy rule-based classification systems for imbalanced data-sets[C]// Proc. FUZZ-IEEE, 2011: 1239-1246.

[30] Dehuri S, Patnaik S, Ghosh A, et al. Application of elitist multi-objective genetic algorithm for classification rule generation[J]. Appl. Soft Comput, 2008, 8(1): 477-487.

[31] Ishibuchi H, Nojima Y. Multiobjective formulations of fuzzy rule based classification system design[C]// Proc. EUSFLAT Conf, 2005: 285-290.

[32] de Jong K A, Spears W M, Gordon D F. Using genetic algorithms for concept learning[J]. Machine Learning, 1993, 13: 161-188.

[33] Janikow C Z. A knowledge-intensive genetic algorithm for supervised learning[J]. Machine Learning, 1993, 13: 189-228.

[34] Pei M, Goodman E D, Punch W F. Pattern discovery from data using genetic algorithms[C]// Proc. 1st Pacific-Asia Conf. Knowledge Discovery & Data Mining (PAKDD-97), 1997.

[35] Ghosh A, Nath B. Multi-objective rule mining using genetic algorithms[J]. Inf. Sci, 2004, 163 (1-3): 123-133.

[36] Greene D P, Smith S F. Competition-based induction of decision models from examples[J]. Machine Learning, 1993, 13: 229-257.

[37] Giordana A, Neri F. Search-intensive concept induction[J]. Evolutionary Computation, 1995, 3 (4): 375-416.

[38] Srinivasan S, Ramakrishnan S. Evolutionary multiobjective optimization for rule mining: A review[J]. Artif. Intell. Rev, 2011, 36 (3): 205-248.

[39] Ishibuchi H, Nojima Y. Comparison between fuzzy and interval partitions in evolutionary multiobjective design of rule-based classification systems[C]// Proc. 14th FUZZ-IEEE, 2005: 430-435.

[40] Narukawa K, Nojima Y, Ishibuchi H. Modification of evolutionary multiobjective optimization algorithms for multiobjective design of fuzzy rule-based classification systems[C]// Proc. 14th Fuzz-IEEE, 2005: 809-814.

[41] Antonelli M, Ducange P, Marcelloni F. Multi-objective evolutionary rule and condition selection for designing fuzzy rule-based classifiers[C]// Proc. FUZZ-IEEE, 2012: 1-7.

[42] Ishibuchi H, Shibata Y. An empirical study on the effect of mating restriction on the search ability of emo algorithms[C]// Proc. 2nd EMO, 2003: 433-447.

[43] Deb K, Agrawal R B. Simulated binary crossover for continuous search space[J]. Complex Syst, 1995, 9 (2): 115-148.

[44] Eshelman L J, Schaffer J D. Real-Coded Genetic Algorithms and Interval-Schemata[A]// Whitley D L. Foundation of Genetic Algorithms 2, San Mateo, CA: Morgan Kaufmann, 1993: 187-202.

[45] Bandyopadhyay S, Pal S, Aruna B. Multiobjective GAs, quantitative indices and pattern classification[J]. IEEE Trans. Syst, Man, Cybern. B, Cybern, 2004, 34 (5): 2088-2099.

[46] Maulik U, Bandyopadhyay S, Mukhopadhyay A. Multiobjective Genetic Algorithms for Clustering - Applications in Data Mining and Bioinformatics[M]. Berlin: Springer-Verlag, 2011.

[47] Maulik U, Bandyopadhyay S. Genetic algorithm based clustering technique[J]. Pattern Recognit, 2000, 33:1455-1465.

[48] Handl J, Knowles J D. Evolutionary multiobjective clustering[C]// Proc. 8th Int. Conf. PPSN, 2004: 1081-1091.

[49] Handl J, Knowles J D. Multiobjective clustering around medoids[C]// Proc. IEEE CEC, 2005: 632-639.

[50] Handl J, Knowles J D. An evolutionary approach to multiobjective clustering[J]. IEEE Trans. Evol. Comput, 2007, 11 (1): 56-76.

[51] Qian X, Zhang X, Jiao L, et al. Unsupervised texture image segmentation using multiobjective evolutionary clustering ensemble algorithm[C]// Proc. IEEE CEC, 2008: 3561-3567.

[52] Chen E, Wang F. Dynamic clustering using multiobjective evolutionary algorithm[C]// Proc. Int. Conf. Comput. Intell. Security-Part I, 2005: 73-80.

[53] Ripon K S N, Tsang C H, Kwong S, et al. Multiobjective evolutionary clustering using variable-length real jumping genes genetic algorithm[C]// Proc. ICPR, 2006: 1200-1203.

[54] Bandyopadhyay S, Maulik U, Mukhopadhyay A. Multiobjective genetic clustering for pixel classification in remote sensing imagery[J]. IEEE Trans. Geosci. Remote Sens, 2007, 45 (5): 1506-1511.

[55] Mukhopadhyay A, Maulik U. Multiobjective approach to categorical data clustering[C]// Proc. IEEE CEC, 2007: 1296-1303.

[56] Won J M, Ullah S, Karray F. Data clustering using multiobjective hybrid evolutionary algorithm[C]// Proc. Int. Conf. Control, Autom. Syst, 2008: 2298-2303.

[57] Mukhopadhyay A, Maulik U. Unsupervised pixel classification in satellite imagery using multiobjective fuzzy clustering combined with SVM classifier[J]. IEEE Trans. Geosc. Remote Sens, 2009, 47 (4): 1132-1138.

[58] Maulik U, Mukhopadhyay A, Bandyopadhyay S. Combining Pareto-optimal clusters using supervised learning for identifying coexpressed genes[J]. BMC Bioinform, 2009, 10 (27): 10.1186/1471-2105-10-27.

[59] Ripon K S N, Siddique M N H. Evolutionary multiobjective clustering for overlapping clusters detection[C]// Proc. IEEE CEC, 2009: 976-982.

[60] Mukhopadhyay A, Maulik U, Bandyopadhyay S. Multi-objective genetic algorithm based fuzzy clustering of categorical attributes[J]. IEEE Trans. Evol. Comput, 2009, 13 (5): 991-1005.

[61] Folino F, Pizzuti C. A multiobjective and evolutionary clustering method for dynamic networks[C]// Proc. Int. Conf. ASONAM, 2010: 256-263.

[62] Mukhopadhyay A, Maulik U. A multiobjective approach to MR brain image segmentation[J]. Appl. Soft Comput, 2011, 11: 872-880.

[63] Kirkland O, Smith V R, de la Iglesia B. A novel multi-objective genetic algorithm for clustering[A]// Yin H, Wang W, Rayward-Smith V. Proc. Intelligent Data Engineering and Automated Learning - IDEAL (LNCS). Berlin: Springer-Verlag, 2011, 6936: 317-326.

[64] Demir G N, Uyar A S, ÖgüdücüS G. Graph-based sequence clustering through multiobjective evolutionary algorithms for web recommender systems[C]// Proc. 9th Ann. Conf. GECCO, 2007: 1943-1950.

[65] Shirakawa S, Nagao T. Evolutionary image segmentation based on multiobjective clustering[C]// Proc. IEEE CEC, 2009: 2466-2473.

[66] Liu Y, Özyer T, Alhajj R, et al. Integrating multiobjective genetic algorithm and validity analysis for locating and ranking alternative clustering[J]. Informatica, 2005, 29: 33-40.

[67] Mukhopadhyay A, Bandyopadhyay S, Maulik U. Clustering using multiobjective genetic algorithm and its application to image segmentation[C]// Proc. IEEE Int. Conf. SMC, 2006, 3: 2678-2683.

[68] Bandyopadhyay S, Mukhopadhyay A, Maulik U. An improved algorithm for clustering gene expression data[J]. Bioinformatics, 2007, 23 (21):2859-2865.

[69] Demir G N, Uyar A S, ÖgüdücüS G. Multiobjective evolutionary clustering of web user sessions: A case study in web page recommendation[J]. Soft Comput, 2010, 14 (6): 579-597.

[70] Kim K, McKay R B, Moon B R. Multiobjective evolutionary algorithms for dynamic social network clustering[C]// Proc. 12th Ann. Conf. GECCO, 2010: 1179-1186.

[71] Handl J, Knowles J. Exploiting the trade-off - the benefits of multiple objectives in data clustering[C]// Proc. 3rd Int. Conf. EMO, 2005: 547-560.

[72] Bezdek J C. Pattern Recognition with Fuzzy Objective Function Algorithms[M]. New York: Plenum, 1981.

[73] Xie X L, Beni G. A validity measure for fuzzy clustering[J]. IEEE Trans. Patt. Anal. Mach. Intell, 1991, 13 (8): 841-847.

[74] Ozyer T, Liu Y, Alhajj R, et al. Multi-objective genetic algorithm based clustering approach and its application to gene expression data[C]// Proc. 3rd Int. Conf. ADVIS, 2004: 451-461.

[75] Du J, Korkmaz E E, Alhajj R, et al. Alternative clustering by utilizing multiobjective genetic algorithm with linked-list based chromosome encoding[C]// Proc. MLDM, 2005: 346-355.

[76] Rousseeuw P. Silhouettes: A graphical aid to the interpretation and validation of cluster analysis[J]. J. Comp. App. Math, 1987, 20: 53-65.

[77] Ripon K S N, Tsang C H, Kwong S. Multi-objective data clustering using variable-length real jumping genes genetic algorithm and local search method[C]// Proc. Int. Jt. Conf. Neural Netw, 2006: 3609-3616.

[78] Bandyopadhyay S, Baragona R, Maulik U. Clustering multivariate time series by genetic multiobjective optimization[J]. Metron-Int. J. Statist, 2010, LXVIII (2):161-183.

[79] Mukhopadhyay A, Maulik U, Bandyopadhyay S. Multiobjective genetic fuzzy clustering of categorical attributes[C]// Proc. 10th ICIT, 2007: 74-79.

[80] Mukhopadhyay A, Maulik U, Bandyopadhyay S. Unsupervised cancer classification through SVM-boosted multiobjective fuzzy clustering with majority voting ensemble[C]// Proc. IEEE CEC, 2009: 255-261.

[81] Mukhopadhyay A, Maulik U, Bandyopadhyay S. Multiobjective genetic clustering with ensemble among pareto front solutions: Application to MRI brain image segmentation[C]// Proc. ICAPR, 2009: 236-239.

[82] Ozyer T, Zhang M, Alhajj R. Integrating multiobjective genetic algorithm based clustering and data partitioning for skyline computation[J]. Appl. Intell, 2011, 35 (1): 110-122.

[83] Saxena D, Duro J, Tiwari A,et al. Objective reduction in many-objective optimization: Linear and nonlinear algorithms[J]. IEEE Trans. Evol. Comput, 2013, 17(1):77-99.

[84] Handl J, Knowles J. Clustering Criteria In Multiobjective Data Clustering[A]// Coello C A, Cutello V, Deb K, et al. Parallel Problem Solving from Nature - PPSN XII (LNCS). Berlin: Springer, 2012, 7492: 32-41.

[85] Mukhopadhyay A, Maulik U, Bandyopadhyay S. An interactive approach to multiobjective clustering of gene expression patterns[J]. IEEE Trans. Biomed. Eng, 2013, 60(1): 35-41.

[86] Praditwong K, Harman M, Yao X. Software module clustering as a multiobjective search problem[J]. IEEE Trans. Softw. Eng, 2011, 37(2): 264-282.

[87] Tibshirani R, Walther G, Hastie T. Estimating the number of clusters in a dataset via the gap statistic[J]. J. Roy. Statist. Soc.: Ser. B (Statist. Methodol.), 2001, 63(2): 411-423.

[88] Handl J, Knowles J D. Multiobjective Clustering and Cluster Validation[M]. Berlin: Springer-Verlag, 2006: 21-47.

[89] Handl J, Knowles J D. Improvements to the scalability of multiobjective clustering[C]// Proc. IEEE CEC, 2005: 2372-2379.

[90] Matake N, Hiroyasu T. Scalable automatic determination of the number of clusters[C]// Proc. GECCO'07, 2007, 1: 861-868.

[91] Strehl A, Ghosh J. Cluster ensembles - A knowledge reuse framework for combining multiple partitions[J]. Mach. Learn. Res, 2002, 3: 583-617.

[92] Hu J, Li X Y. Association rules mining using multiobjective coevolutionary algorithm[C]// Proc. Int. Conf. CISW, 2007: 405-408.

[93] Khabzaoui M, Dhaenens C, Talbi E G. Combining evolutionary algorithms and exact approaches for multiobjective knowledge discovery[J]. RAIRO-Oper. Res, 2008, 42(1): 69-83.

[94] Qodmanan H R, Nasiri M, Minaei-Bidgoli B. Multiobjective association rule mining with genetic algorithm without specifying minimum support and minimum confidence[J]. Expert Syst. Appl, 2011, 38(1): 288-298.

[95] Anand R, Vaid A, Singh P K. Association rule mining using multiobjective evolutionary algorithms: Strengths and challenges[C]// Proc. NaBIC, 2009: 385-390.

[96] Mukhopadhyay A, Maulik U, Bandyopadhyay S, et al. Survey of multiobjective evolutionary algorithms for data mining: Part II[J]. IEEE Transactions on Evolutionary Computation, 2014, 18(1): 20-35.

[97] Freitas A A. A survey of evolutionary algorithms for data mining and knowledge discovery[A]// Ghosh A, Tsutsui S. Advances in Evolutionary Computing. Berlin: Springer-Verlag, 2002.

[98] Flockhart I W, Radcliffe N J. GA-MINER: Parallel data mining with hierarchical genetic algorithms final report[R]. EPCC-AIKMS-GA-MINERReport 1.0. University of Edinburgh, UK, 1995.

[99] Tan P N, Kumar V, Srivastava J. Selecting the right interestingness measure for association patterns[C]// Proc. 8th ACM SIGKDD Int. Conf. KDD, 2002: 32-41.

[100] Alatas B, Akin E, Karci A. MODENAR: Multi-objective differential evolution algorithm for mining numeric association rules[J]. Appl. Soft Comput, 2008, 8(1):646-656.

[101] Martin D, Rosete A, Alcala-Fdez J, et al. A multiobjective evolutionary algorithm for mining quantitative association rules[C]// Proc. 11th Int. Conf. ISDA, 2011: 1397-1402.

[102] Lenca P, Meyer P, Vaillant B, et al. On selecting interestingness measures for association rules: User oriented description and multiple criteria decision aid[J]. Eur. J. Oper. Res, 2008, 184(2): 610-626.

[103] Mitra S, Banka H. Multiobjective evolutionary biclustering of gene expression data[J]. Pattern Recognit, 2006, 39(12): 2464-2477.

[104] Mishra B S P, Addy A K, Roy R, et al. Parallel multiobjective genetic algorithms for associative classification rule mining[C]// Proc. ICCCS, 2011: 409-414.

[105] Ozyer T, Alhajj R. Parallel clustering of high dimensional data by integrating multiobjective genetic algorithm with divide and conquer[J]. Appl. Intell, 2009, 31(3): 318-331.